不节食健康瘦

〔美〕孙　博（Sunny _ Kreglo）◎著

北京科学技术出版社

著作权合同登记号　图字：01-2022-4323

图书在版编目（CIP）数据

不节食　健康瘦 /（美）孙博著．—北京：北京科学技术出版社，2022.9（2022.9重印）
ISBN 978-7-5714-2361-2

Ⅰ．①不…　Ⅱ．①孙…　Ⅲ．①减肥－食谱　Ⅳ．①TS972.161

中国版本图书馆CIP数据核字（2022）第100702号

策划编辑：宋　晶
责任编辑：白　林
责任印刷：张　良
出 版 人：曾庆宇
出版发行：北京科学技术出版社
社　　址：北京西直门南大街16号
邮政编码：100035
电话传真：0086-10-66135495（总编室）
　　　　　0086-10-66113227（发行部）
网　　址：www.bkydw.cn
印　　刷：北京博海升彩色印刷有限公司
开　　本：720 mm × 1000 mm　1/16
字　　数：157千字
印　　张：11.5
版　　次：2022年9月第1版
印　　次：2022年9月第2次印刷
ISBN 978-7-5714-2361-2

定　　价：68.00元

前言

我的减脂之路

人生已至不惑之年，经常感慨自己的减脂经历。回想起来，我在身材这个问题上的无忧无虑的日子大概结束在了青春期。那时的我身高 1.66 米，体重基本维持在 62.5~65 千克（因为我当时害怕称体重，所以具体数字我也不清楚）。我的体重并不是很重。但由于我运动能力不好，加上基因平平、新陈代谢较慢、后天饮食习惯和其他生活习惯不佳，所以我的体脂率较高，尤其是小腹、臀部、大腿根和小腿等部位脂肪较多，那时的我对自己的身材并不满意，甚至都没留下任何的照片。

从小爱美又好强的我在青春期被别人说变胖了后很难过。从那时起，减脂的念头在我脑海中扎根生长，甚至我做出的每一个决定都和它有关。我并非毕业于体育专业、医学专业、营养学专业，和很多人一样，一开始我只是单纯地追求瘦——其实，梨形身材的我的目的很简单，一是体重降低，二是能穿上喜欢的牛仔裤。正因为当时的我懵懂无知，所以在减脂的路上，我没少掉入“陷阱”，也没少走弯路。减脂成功、食欲失控、月经不调、闭经、体重反弹、性格改变，我都经历过。但是，我觉得特别宝贵的一点是，这些因为缺乏专业知识、仅凭本能而下意识做出的、具有普遍性的错误决定（如认为“少吃多动”“严格卡能量”就可以一直变瘦等）引发了我的认真思考。每当收到网友诉说她们减脂遇到的困难的来信时，我都仿佛看到了曾经面对同样的困境、同样痛苦的自己。

我把自己的减脂经历分为了5个阶段，下面，我会分别对每个阶段进行分析，希望我的经历对大家具有借鉴意义。

第一阶段——始于懵懂盲目

从青春期开始，一直到20多岁，我的审美观受到期刊上的骨感模特和电视节目中的女演员的影响，崇尚和追求骨感美，难以接受女生胳膊上有肌肉。

那时，我的减脂方法简单粗暴，就是少吃饭。但恰好我又是一个不折不扣的“吃货”，难以完全舍弃美食。所以以下剧情经常反复上演：靠“意志力”几天不吃主食，然后鬼使神差地“晃进”面包店，买一大块奶油夹心面包解馋。

减脂效果：体重下降到约55千克。虽然这样反复节食，但我也没有真正瘦过，身体是虚胖的。

读研时，由于我平时就缺乏运动，再加上写论文久坐，我患上了急性腰椎间盘突出症。听从医生建议，我尝试锻炼身体，开始游泳和慢跑。虽然饮食没有改变，但能量消耗增加了，所以我没有继续发胖。那时的校园还没有兴起健身风潮和崇尚马甲线的风潮，所以我在精神上很轻松，运动的目的纯粹是防止腰病复发和解压。

心得：总体过程很简单，就是跟着感觉走。累了，就歇几天；不累，就每天活动活动。我没有将运动这件事视为生活的重心，反而不知不觉地“坚持”了一段时间，几个月后，我的裤腰开始变宽松。这次正反馈让我尝到了运动的“甜头”。虽然后来因为忙于毕业的事而无暇运动，但这次的经历让我从讨厌运动过渡到至少不反感运动（虽然还没爱上运动）。我也体会到了运动确实能给身体带来益处。

第二阶段——初见成果的过渡期

2010年9月，毕业后，我便搬回家和父母同住。有一次，表姐叫我和她一起跳操。没想到，这次偶然的机会，成为我生活中的一个重要“里程碑”。当时，在我的意识里，跳操只是非常随意的运动，有时间就跳一下而已。在饮食方面，当时的我是家人做什么我就吃什么，饮食结构没有发生根本性转变，最多是注意不喝甜饮料，每天吃一个鸡蛋，仅此而已。就这样持续了一年半左右，我的体重虽然没有明显下降，但所有见到我的人都说我瘦了，裤子也宽松了不少。

减脂效果：体重下降到 53~54 千克。的确变瘦一些，但仅仅是衣服的尺码变小了，体形还是原来的样子。那时只要多吃一点儿或者连续几天不运动，体重马上就会反弹。

心得：保持轻松、无骤变的慢节奏，正是新手减脂成功的关键。没有较大压力、自由随性、有人陪伴，人就会在不知不觉中坚持下来，更容易地过渡到下一个阶段。

第三阶段——蜕变与蜜月期

2012 年，我搬到美国居住，这也是我减脂历程的重要转折点。不会做饭的我在那时开始了我的做饭旅程。最开始时，我只是在参照我妈妈的做法的基础上少放糖和油。除了炒菜少放糖和油，我使用的食物的种类和数量都和以前一样，没有特意限制，我也没有刻意不吃主食和肉类来减脂。因为改变很细微，所以我的身体逐渐适应了少糖少油的饮食，没有出现减脂时常见的格外渴望摄取碳水化合物和脂肪的情况。饮食习惯的改变给我带来正反馈——让我稍微变瘦了一些，这给我提供了强大的驱动力，让我能够长久地坚持新的饮食模式。此外，由于接触到更多科学的健身理念，我开始意识到拥有紧致的肌肉线条、没有赘肉是最有美感的。这让我对健身产生了更加浓厚的兴趣。

在这之前，我从来没有这么坚定地知道自己想要什么。一心扑在研究运动和饮食上，令我特别快乐，我真心认为这是可以一生为之付出的事情。就这样，我迎来了减脂的蜜月期，身材有了非常明显的变化，成为一名运动“发烧友”。

减脂效果：体重降到约 52 千克。我感到身体内脏功能、运动能力都有所提高，肌肉线条开始出现，体脂率逐渐降低。虽然体重降低不多，但由于体脂率降低和肌肉量增加，我的体形发生了变化。以前穿不下的裤子如今宽松了很多。

心得：这段减脂蜜月期，最宝贵的经验就是，我们不应该对旧的饮食习惯全盘否定，而应该在原有饮食习惯的基础上稍微改变，在不经意间逐渐过渡到更细致地调整三大营养素占比的减脂餐，这样身体不会产生应激反应。简言之，我们应该让旧习惯和新行为逐步融合，不是完全照搬一个全新的饮食法，而是在旧饮食习惯的基础上逐渐优化出新的饮食习惯。

第四阶段——陷于执着

经过第三阶段的我和最初的我比起来，可以说已经“脱胎换骨”了。但是没想到变瘦这事也会令人上瘾，无论客观上我有多瘦，在我心里还是觉得自己胖。我的心态逐渐变得不平衡，我开始变得不满足于当时的成果，还想要“更瘦”。在追求“更瘦”的过程中，我逐渐迷失了自我，开始做出一些当时自认为很健康、但其实是变相节食的行为。我在饮食方面给自己的限制越来越多，例如只吃天然的食物，完全不碰市售零食、加工食品，使用天然调味料，等等。那时我认为精制碳水化合物和人工甜味剂都是绝对不能碰的，我几乎不去餐馆吃饭，同时我的运动量也越来越大。几乎不吃主食和饮食结构单一导致我的肠胃开始出现各种小毛病。后来，我又继续出现各种症状，如脱发、失眠、暴饮暴食、月经延迟、易情绪失控。这些症状发展缓慢，不影响正常生活，加上我当时没有经验，没有意识到它们其实和节食有关联，所以我并没有重视它们。相反，当时的我觉得自己吃得特别健康，别人都不理解我。直到后来经历了闭经、食欲失控、心情抑郁、腰椎受伤等，我才意识到问题的严重性，进而悬崖勒马。后来，我花了不少时间恢复。遇到问题时，我曾就医，检查结果是除了轻微贫血外，其他各项检查结果都正常，所以医生也给不出明确的诊断，只是建议我回家观察或服用激素类药物。对于我提到的食欲失控和减脂后遗症的其他症状，例如经常过量饮食后会皮肤疼，医生要么不理解我说的食欲失控是什么情况，要么表示从未听说过，然后置之一笑而已。

减脂效果：体重下降到约 49 千克。我在原先的基础上变得更瘦。这是我的减脂史上体重最轻、体脂率最低的时期，但我体态不佳的问题依然存在，只是因为身体太瘦所以表现得不明显。

心得：在这一阶段，我体验了各种变相节食的方法，也经历了减脂后遗症。其实，在第三阶段前半程，我已经完成了自己的目标，后来逐渐地开始游走在节食的边缘。当时的我并不懂如何科学地衡量自己的减脂进度，不懂得体重稳定的重要性，也不知道前面会遇到什么障碍，只是一味地往前冲。身体发出的报警信号不足以让正沉迷于减重的我放弃眼前的利益。后来，在遇到障碍后，我束手无策。当时的情况是，关于减脂后遗症的信息，我知之甚少，只能摸着石头过河。所幸的是，我当时没有完全放弃健康饮食和运动，虽然有短暂的水肿期，但体重和体脂率没有彻底反弹。

人也许都是只有彻底搞砸后，才能理解“健康比身材重要”这句话的真正含义。没彻底搞砸时，很多真理在听了无数遍后都会成为“耳旁风”。（可能本书对从来没有因减脂而吃亏的人而言也是如此。）

第五阶段——恢复和成熟期

由于存在健康问题，我开始调养身体，在调养身体过程中，不可避免地出现了体重回升（当因节食导致体重低于正常体重时，调养身体时的体重上升是正常的，也是一定会出现的）的现象，而且我体态的问题也更加突出，我有种多年的努力付之东流、一下被打回原形的感觉，身体的不适和精神上的折磨使这个阶段成为我最困难、最想放弃的阶段。面对体重回升的问题，我有过继续节食的念头，但是，理智告诉我决不能“重蹈覆辙”，反复训练自己把对胖瘦的关注转移到健康方面。我试着让心静下来，学习营养饮食、运动、心理学等方面的知识，总结前几年减脂的经验及教训，看看哪些地方需要坚持，哪些地方需要改进。第四阶段的经历帮助我更加了解自己身体的运行规律，让我知道了自己身体的底线在哪里。我逐渐在不重视健康和过度追求健康之间找到了某种平衡，把学到的知识应用到现实生活中，使其得到检验。

通过系统的学习，我考取了由美国国家运动医学会认证的营养教练、减重、女性健身、行为改变 4 个方面的资格证。我有自己多年摸索出的经验，所以系统学习的过程对我而言更像是一种印证和总结：一方面印证了以前想到过的一些减脂思路，另一方面促使我对自有的知识进行系统的查缺补漏（在此过程中，我获取了健身营养方面最前沿的知识）。

减脂效果：体重保持在 55~56 千克。绕了一大圈，体重最终还是回到了减脂之路的起点。我的体重处于适合我身高和年龄的范围内，但是我的身材有很大的变化。因为我的体脂率和身材比例发生了变化。

心得：从节食带来的困境中走出来的我抛开了对体重的执念，体悟到何为身心合作，学会重视身体发出的每一个信号。曾经的我对食物、食欲充满怨念，现在却会珍惜和感恩每一个想吃某种食物的念头，而不是一味压制。我对“本能—经验—理论”三者的关系有了更深层次的理解，找到了健康与身材的平衡。

本书缘起

在这十几年中，我一直坚持在互联网上记录和发表日常生活的经历和感悟（十几年前社交网络刚刚兴起，人们只是分享生活中的趣事）。最开始时，几乎没有人关注我，我记录的内容主要涉及食谱、与健身有关的营养知识和心态调整 3 个方面。其中，有不少内容是对我走过的弯路的叙述和对失败的反思，一直关注我的朋友可以看到我一路上的转变和成长。后来，我陆续写了 3 个电子专栏，录制了一些烹饪视频课程。这些分享引起了很多曾经节食或正在节食的女孩子们的共鸣。她们来信向我倾诉自己的遭遇和经历，如在节食变瘦后，生活并没有变好，人反而变得憔悴、虚弱，身体和精神都出现了各种不适，失控的食欲和情绪已经影响到正常生活，甚至有人因此不得不休学或辞职在家养病。很多人来信告诉我，在偶然的机会下看到我分享的内容，尤其是我走的弯路和失败经验，成了她们转变的契机：她们了解到减脂的一些误区，少走了一些弯路，厘清了健康减脂的思路，经过不断的努力实践后，终于扭转了减脂后遗症逐渐恶化的趋势，找到了适合自己的好好吃饭、健康变瘦的方法。更重要的是，在这个过程中，她们重新认识和理解了自己的身体，与食欲和解，与自己和解。她们生活的其他方面也出现了积极的变化，她们比以前更自由、更快乐。对我来说，这些来信是非常重要的鼓励和激励。它们让我知道原来我在不经意间帮助了这么多有类似经历的女生，这令我非常开心。除此之外，她们还告诉我，她们在过节时和各种纪念日时依照我的菜谱做饭并和家人一起享用。这种人与人之间真实的联结也让我感到充实和快乐。

我希望更多人能知道减脂不必饿肚子、减脂餐也可以很美味，以及通过制作健康美食体验到更多的人生乐趣。因为养成健康的生活习惯不仅可以使自己受益，说得长远一些，还可以使我们的下一代不会走我们走过的弯路。综上，我就有了创作本书的想法。

关于本书

本书共 5 章。第 1 章首先通过介绍体重调节系统和人体的承受力两方面来说明节食的不可持续性是节食失败的根本原因。节食违背人体运行的自然规律，必然无法成为稳定的生活习惯，而一旦回归旧饮食习惯，体重就会反弹。另外，现实中虽然许多人知道节食不利于健康，但只要感觉自己变胖了，第一反应还是节食。其主要原因在于采用节食的方法来瘦身，见效快。所以，在本章中还解释了为什么瘦得太快并不是好事，以及为什么不能以体重降低作为减脂有效果的标准。希望借此帮助大家抵挡节食的诱惑。第 2 章主要讨论了何为变相节食，帮助大家认识到有一种节食的情况比较隐蔽，即有人虽然主观上不觉得自己在节食，但其行为在本质上还是属于节食，进而帮助大家学会如何判断自己是在科学减脂，还是在盲目节食。第 3 章讨论了究竟什么是健康瘦。第 4 章和第 5 章分别从饮食方式和生活习惯两方面探讨了如何在不节食的情况下健康瘦。

本书还有一本配套的、关于饮食实践的图书，也是 5 章，分别讲解如何科学地摄取碳水化合物、蛋白质、脂肪、膳食纤维、维生素和矿物质。在那本书中，每章开篇会简单介绍对应营养素的理论知识，然后还会分享若干个食谱，在食谱中会穿插相关食材的小贴士以及一些减脂饮食的小贴士。

在系统学习之前，人们对减脂的认识是处于“混沌”状态的。这时的减脂者就像拿着一个模糊不清又充满错误的导航地图，却天真地认为依靠它就可以走到终点。本书就像是一张结构清晰的地图，读者可以从中获得正确的概念、方法，形成正确的观念，从而规避减脂中常见的误区。我希望读者在阅读我对一些理论知识解读的内容之后先深入思考，然后再将其灵活应用到实践中。也就是说，要做到既把学到的知识内化为自己的思想又不会使思维被这些知识所限制，在遵循科学方法的同时要注重人性化，不要教条式地采用“书本式减脂法”。所闻、所见终不及在每餐实践中的所触、所感。只有经过充分的实践进而熟知自己的身体特点才能做到在脱离书本、遇到新问题时仍有清晰的解决思路，而非每当看到一个新减脂法就心血来潮地盲目去追随，从而一次次节食或变相节食。由节食获得的瘦是不长久的，只有建立在保持身体健康和生活幸福的基础上的瘦才是可持续的。

读完本书，你会明白健康减脂不等于什么能量低就吃什么，变瘦不是只能靠饿着和越吃越少。你不需要完全排除或极端限制某种营养素，不需要“禁忌式减脂”，更不需要购买某种被宣称有神奇功效的减脂食物。健康减脂不等于和美食说再见，与美食保持距离。你根本不需要有意识地去吃所谓的最好的减脂餐，正常饮食就好，少些刻意和咬牙坚持，纯粹地享受愉悦感、满足感。

我不希望你时刻都在辛苦地“坚持减脂”，因为令身体舒服的事、身体喜欢的事从来不需要刻意坚持，也不需要强大的自控力、意志力。我也不希望你在减脂的过程中越来越和现实生活脱节。恰恰相反，减脂过程应是发现健康生活方式和融入正常生活节奏的过程，过好生活才是根本。做个比喻，我所做的是协助你种下一颗种子，告诉你种子生长的自然规律，以及浇水、施肥、除虫的知识，你只需默默耕耘，静待花开。

最后，感谢北京科学技术出版社负责本书出版工作的编辑们，他们扎实的专业知识和精益求精的敬业精神令我十分钦佩。在当前这个充满不可抗力因素的特殊时期，为了确保本书的顺利出版，他们付出了很多精力。感谢多年来默默支持我和认同我理念的网友们，因为你们的支持才有了这些内容并最终结集成书。感谢不断给予我鼓励的网友们，你们暖心的留言总是恰好在我疲惫的时候神奇地出现，为我注入新能量。最后，感谢我的爱人和父母，因为你们的无条件支持，我才能够“任性”地一头钻进饮食和健身的世界中自由遨游，最终酝酿出版此书。

由于篇幅所限，某些更深入的内容无法充分展开。另外，限于自身水平和精力，必然无法至善至美，疏漏在所难免，加之营养和健身领域的研究日新月异，目前分享给大家的理念自然会因所处的时代存在局限性。我不敢妄言科普，只想我的所做所思对那些有需要的人有所助益。请读者朋友们多多包涵、批评指正。由衷地感谢大家在繁忙的工作和生活中抽出宝贵的时间来阅读本书。希望你们都能好好吃饭、好好休息、好好运动，做一个开心、有趣、活力四射的人。

孙 博

2022 年 6 月 20 日

目 录

第 1 章 靠节食减脂为什么总是失败？

第 2 章　别被变相节食蒙蔽双眼

第 3 章　有没有不节食、健康瘦的可能？

第4章 健康瘦饮食法

第 5 章　健康瘦的生活方式

第1章

靠节食减脂为什么总是失败？

我经常收到这样的来信：

“减脂一次比一次更困难，现在我早晨和晚上都会运动，一天只吃两顿饭，可是 10 天过去了，我不仅没瘦，还变胖了。”

“上次减脂复胖后，无论怎么少吃多动，体重都纹丝不动。”

“好羡慕怎么吃都不发胖的人，我怎么吃什么都长肉？”

“体重反弹以后，吃得比以前少但再也瘦不下去了，怎么办？”

以上问题可能是很多反复节食减脂者的共同的苦恼。这些苦恼，我都懂。其实不是只有你一个人遇到了这些问题，只要是反复减脂者都会遇到这些问题。

我在走过弯路后一直思考这些问题出现的原因。经过这几年反复实践、复盘、再实践的过程，我逐渐厘清了解决问题的 3 个关键点，即需要弄清以下 3 个问题。

第一，人体生长的自然规律是什么？

第二，体重变化的本质是什么？

第三，节食如何对人体造成负面影响？

弄清这 3 个问题，有助于形成关于减脂的系统认知，你就会明白节食从根本上就是行不通的。无论每次采取的节食方法看上去有多么大的差异，失败的根源都一样，即节食的不可持续性。无论节食多么有效，也终究是昙花一现。人总是无法抵抗随之而来的强烈饥饿感，无法解决节食引起的疾病困扰，最后都会重拾旧习惯，然后体重就会无情地反弹，甚至反弹到比节食前更高的水平。

想要彻底摆脱“节食—复胖—再节食—再复胖”这个“怪圈”，你必须跳出以前的思维模式，不仅要对减脂有全面系统的认识，学会看清流行减脂法的本质，而且还需要增强分析利弊、吸取各种减脂法的精华为自己所用的能力。这一过程就是从对减脂懵懵懂懂，到思维逐渐变清晰、能力逐渐变强的过程。

从本质上说，体重变化是由于人们打破了能量摄取和能量消耗的平衡，身体为了应对变化而做出相应的内部调整，体重变化是这种内部调整导致的结果。常年减脂者对通过控制能量来减脂的方法早已耳熟能详，会更加关注能量摄取和能量消耗，但是管理体重并不是只要做好“吃”和“动”就可以了。通过控制能量来减脂的方法其实是基于对体重调控系统运行机制的高度提炼。这种高度概括的内容都有一个缺点，就是通常会被人“过度简化”地理解。例如被大家总结为“少吃多动”，即一提减脂就想到严格控制每顿饭的能量以减少能量摄取、疯狂跑步增加能量消耗。

我们不能简单地说“少吃多动”完全正确或完全错误。首先，这个说法之所以流行是因为符合人脑的认知特性——过度简化的概念更容易被人记住。但事实上，在大脑调控的参与下，能量摄取和能量消耗互相影响，互为因果。之所以会有减少能量摄取和增加能量消耗就能减轻体重的说法，归根结底是因为人们认为体重变化是“线性”的。事实上，体重的变化并不是“线性”的，而是波动性的，整体来看，呈一种动态平衡的状态。这是众多因素互为因果、互相制约、互相激活的结果，是人体内进行了无数次循环后拟合出的可以适应当前情况的结果。从这个角度看待体重变化，你就能明白不是通过节食减少能量摄取就能达到减轻体重的目的。我们要做的是把目光放到整个系统中，了解每个元素的特性。然后，思考在尊重身体自然规律的前提下，调节每个元素会给整个身体带来怎样的连锁反应，进而思考如何在避免给身体造成过大压力的情况下达到减轻体重的目的。

你要明白，短期内速瘦是对身体内环境稳态的挑战，而身体并不喜欢这种挑战，体重反弹是身体为维护内部环境的稳定做出的反应。这就是为什么真正有效的、不反弹的减脂方法一定是缓慢见效的。它会给身体逐渐适应的时间，慢到身体感觉不到自己内部环境的稳定态受到挑战。

请记住，正确减脂方法的“缺点”就是见效慢。（其实也不慢，只是比不健康的速瘦法要慢——假设采用保守但健康的减脂方法，每月稳定减重 0.5~1 千克，半年后体重就减了 3~6 千克，衣服会变小 1~2 码。）如果没有耐心或者不知道究竟何为正确的减脂方法，那么就可能在一周过去后还看不到体重变化时轻言放弃。愈是正确的道路愈是难走，并且它不会在你一开始走时就将各种诱人的条件呈现出来。越是“邪门歪道”越是充满诱惑，就像在西天取经路上，妖魔鬼怪总是变化为光鲜漂亮的模样。记住，天上永远不可能掉馅饼，抱着急功近利的心态就会因为减脂而付出不可逆的健康代价。

1.1 节食究竟是什么？

我们有必要一开始就弄清节食的定义，以便理解后面的内容。

其实，“节食”一词目前并没有明确的定义。美国卫生研究院、美国营养学会建议：减脂时，普通成年女性每日需摄取 1 200~1 500 千卡能量、成年男性需摄取 1 500~1 800 千卡能量，青少年则至少需要 1 600 千卡能量。每日摄取能量在此范围内则健康风险较小，低于此标准则被视为节食。如果想让每日摄取能量低于此标准，必须向医师或营养师咨询，请他们为你定制饮食方案并严格执行，以防营养素摄取量不足，给身体造成伤害。这里提到的能量范围是平均值，是没有考虑身高、年龄等因素的。身高若高于平均值，每日摄取能量的最低值还需相应地上调，如身高 1.6 米和 1.8 米的人所需能量肯定是不一样的。

具体到个人，如果持续一段时间每日摄取能量低于基础代谢所耗能量就算是节食了。如某人基础代谢消耗的能量是 1 300 千卡，只要每日摄取能量小于 1 300 千卡就算是节食了。

这就是现在大家普遍认同的节食的定义，下面我在上述定义的基础上说一下我的理解和我总结的更实用的判断是否在节食的标准，供大家参考。

从每日摄取总能量来看

首先，从每日摄取总能量来看，通过饮食摄取的能量一般不能低于基础代谢所消耗的能量。若是低于，则可算作节食。虽然这也并不是绝对标准（强调这点是为了让大家不要过于担心，例如有时会因为某种不可控因素偶尔无法按时吃饭、摄取能量低于基础代谢所消耗能量，这不能算节食），但没有特殊原因的话，建议大家尽量不要让每日摄取的总能量低于基础代谢所消耗的能量，尤其是女性、肠胃不好的人、有减脂后遗症和饮食失调经历的人、有睡眠障碍和忧郁症等精神健康隐患的人。经历过多次不科学减脂者，别说全天摄取的能量真的低于基础代谢所消耗的能量，哪怕只是动一动减脂的念头，都可能导致身体发出警报信号，使得心理压力增大、身体处于应激状态，进而导致食欲变强甚至食欲失控。

这一点是判断是否在节食最重要的标准，下面几点可以作为辅助来参考。

从营养素吸收率来看

会影响维持人体正常生理功能所需营养素的吸收率的饮食均应被视为节食。例如，过量食用加工不当的粗粮会造成肠胃不适，从而阻碍营养素吸收。在这种情况下，即使每日摄取的能量高于节食标准，长期下去，节食引发的症状还是会出现。

有一点特别容易被忽视，就是摄取能量一样的情况下，不同的食材和通过不同的加工方式做出的食物，给人带来的饱足感是不一样的。这就与营养素吸收率有关。例如，同样是一天摄取 1 600 千卡能量，吃蒸熟的根茎类食物、鸡胸肉和绿叶菜时的营养素吸收率，和吃面包、奶酪、牛肉、绿叶菜时的不同，这两种餐食给人带来的饱足感自然也不同（说明：对于没有控制过饮食的人而言，因为体内能量储备充足，所以感觉差异不会非常明显）。饱足感和饱腹感的区别在于，饱足感是身心俱饱，想吃东西的欲望完全消失，而饱腹感只是简单的胃部撑胀感。

从饮食结构来看

虽然每日摄取的总能量勉强达到最低标准，但营养素占比非常不合理的饮食也应被视为节食。例如，为了快速减掉体重，完全不吃富含碳水化合物的食物，每日摄取的能量基本来源于蛋白质和少得可怜的脂肪。

从坚持时间长短来看

每日摄取的能量低于基础代谢消耗的能量的这种状态需要持续多久才算节食，目前还没有统一的标准，因为这要因人而异。

反复减脂或有减脂后遗症的人，若体重不超标，可能两三天就饿得扛不住了；从没减过脂或体脂率高的人，可能坚持 1~2 周，甚至更长时间；还有的人，每日摄取的能量徘徊在节食标准的边缘，吃的食物质量比较高，平时压力也比较小，或许能坚持半年至一年，直到出现节食引发的症状。

我觉得如果没有特殊原因，尽量不要连续多日出现摄取能量低于基础代谢消耗能量的情况。切记一点：因为饿而瘦下来的，最终都会靠吃加倍补回来。

> 知晓节食不好的人有时候又容易走向另一个极端——时刻担心没有摄取足够的能量和营养素。于是，吃饭变成了一件令人特别焦虑的事，其实，这大可不必。如有特殊原因，偶尔一两天出现摄取的能量低于基础代谢所消耗的能量或某种营养素摄取量低于标准值的情况是没关系的。人体没有想象中的那么脆弱。人体有自我调节机制，若是一两天没有摄取足够的能量，你自然会在以后的几天里变得胃口特别好，这会促使你尽快偿还之前所欠下的“能量债”。

以上四个标准中，第一个是判断是否在节食的最重要的标准，另外三个可以作为辅助标准。

1.2 为什么难以长期坚持节食?

人体内无时无刻不在进行新陈代谢。新陈代谢是有机生物体摄取能量、维持生命的化学反应的总称，包括分解代谢与合成代谢。人们从字面上就能理解，分解代谢指把食物分解以获得能量，合成代谢指利用分解代谢释放的能量来合成人体所需的大分子物质。

参与新陈代谢的能量到底是什么、从哪来？具体过程是什么样的？简单来说，我们吃的食物所含的能量其实来自太阳。植物和藻类利用太阳的光能把二氧化碳和水转化成糖类和氧气。这样一来，来自太阳的能量就以糖类的形式储存在植物中。植物利用光合作用合成糖类以维持自身生命活动；多余的能量当然也不能浪费，它们会被储存起来备用。当植物被草食动物吃掉后，植物里的能量就转移到了草食动物体内。草食动物被肉食动物吃掉后，能量继续转移到了肉食动物体内。人类吃掉动植物后，就获得了储存在它们内部的能量。

我们知道，生命体需要不停地消耗能量以维持生命活动，如时刻维持心跳、呼吸、使体温保持在一定范围内。因此，所有有机生命体最重要的一件事就是持续摄取能量，保证体内的循环过程（如各器官正常工作）稳定进行。人类吃食物就是在摄取能量，就像给手机充电、给汽车加油。人们吃下食物后，那些储存于动植物内部的能量会在人体内复杂的消化吸收过程中被释放出来，用于维持人体生理功能正常运转（如保持体温、各器官正常工作）和人的日常活动，这样人类才可以生存和繁衍。

人类摄取的能量同样遵循着能量守恒定律，即能量既不能凭空产生，也不能凭空消失，它只能从一种形式转化为另一种形式，或者从一个物体转移到另一个物体，在转移和转化的过程中，能量的总量不变。也就是说，含

1 000 千卡能量的食物被人吃下后，其所含的 1 000 千卡能量不会凭空消失；它们会被用作维持人生存和活动的能量而消耗掉，或者会转化为其他形式在人体内储存起来备用。

我们常说的能量平衡，指全天摄取的能量与全天消耗的能量平衡。如果摄取能量低于消耗能量，即有能量赤字，体重就会降低，这种情况一般发生在减脂时；反之，摄取能量大于消耗能量，即有能量盈余，体重就会上升，这常发生在增肌或养病时；如二者持平，则体重保持不变。这样看来，想减脂，只要减少摄取的能量就可以了，但事情其实并没有如此简单。很多人都遇到过少吃多动后体重和体脂率还是很难发生质的改变的情况，导致这个问题出现的原因就是人体是一个复杂精密的系统，在能量摄取这件事上，也有着复杂的调控机制。我们需要在了解能量平衡的基础上进一步探究人体的调控机制。了解人体的调控机制后，我们就会明白，能量的摄取并不是靠人的“意志力”就能控制的。

体重调节系统

前面讲到，新陈代谢的正常运转需要人源源不断地摄取能量。现在，我们把视角继续拉远，像调整相机镜头焦距一样，把能量的摄取和消耗放到更大的整体中去看，这个更大的整体就是体重调节系统，如图 1–1 所示。

体重调节系统由 3 个要素组成：**能量摄取、大脑调控、能量消耗**。我们可以把体重调节系统想象为一个公司。能量摄取即资金收入，能量消耗即资金支出。大脑相当于公司的决策层，各个器官（心脏、肺、胃、肝等）相当于公司的执行部门。为了公司（体重调节系统）持续正常运行，各部门（各器官）需要把运营情况汇报给决策层（大脑）。负责传递信息的是激素。决策层（大脑）汇总信息后，会计算总能量并做出决策，然后向各部门（各器官）发布命令，各部门（各器官）在接收到命令后会完成各自的工作，这就形成了一个“系统回路”。公司（体重调节系统）的最终目标是保证整个“系统回路”稳定运行，尽量不出现大起大落和危机。如果其中一个“部门”出现突发危机，其他“部门”也会受到牵连，各“部门”必须协作，才能度过危机。

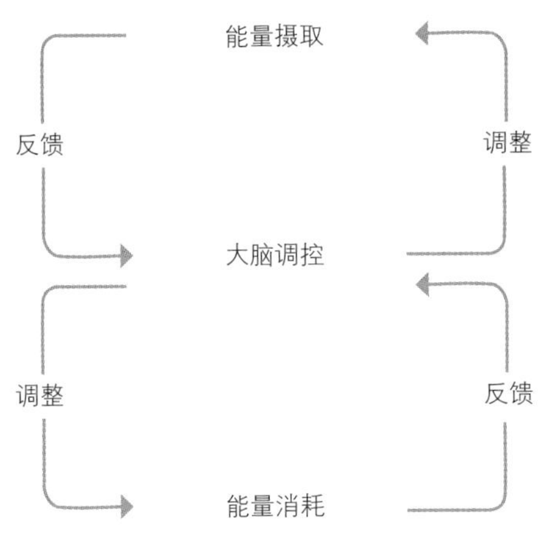

图 1–1　体重调节系统

在体重调节系统中，大脑是维持能量平衡的总控制室。大脑的调控功能主要通过下丘脑来实现，下丘脑位于丘脑下方。别看它个头小，只有大约 4 克重，仅占人脑的 0.3% 左右，但它既是自主神经系统的高级中枢，也是内分泌系统的高级中枢，负责调节内脏活动和内分泌活动，是调节情绪和体力活动的重要“负责人”。例如，下丘脑负责调节体温、血压、血糖、食欲、睡眠、生殖功能、内分泌、生物节律、内脏活动等。

在体重调节方面，下丘脑的主要工作是设定体重范围、监控体重变化、维持体重的稳定。可以说，有关减脂的大事和小事几乎都由大脑中只有杏核大小的下丘脑负责。一方面，下丘脑收集到所吃食物的信息后，会先计算合理的能量消耗总量。所谓合理，指既能维持身体日常运行又不会入不敷出。下丘脑会通过调节基础代谢率、日常活动量和性激素来调节能量消耗，保证不会出现能量赤字。另一方面，实际能量消耗的情况会被反馈给下丘脑，下丘脑又会先计算需要摄取多少能量才能保证体重和体脂率维持在安全线内，再把计算结果发送给控制食物摄取的部门，通过调节胃口、饥饱感，控制人的食欲，让人开始想吃东西，进行新一轮能量摄取。体重调节系统就这样不停地循环。

大脑对能量摄取的调控

大脑对能量消耗的调节，在后文会进行详细讲解，这里就不重点阐述了。这里，我们重点讲一下大脑调控对能量摄取的影响。

吃食物就是在摄取能量。进食后，信号被传递给大脑。前文讲过，大脑相当于总控制室，它接收信号后会根据人体的能量收支情况做出判断，决定消耗多少能量，以维持基础生命活动和人的日常活动；并通过激素将信号传递到身体的各部位，身体运行和日常活动的情况又会通过激素反馈给大脑，大脑经过精密权衡后，调控应摄取的能量总量，人会基于大脑的调控再次进食，然后重复上面的步骤。也就是说，人类的进食行为是受大脑调控影响的，大脑通过调控人的进食行为来调控能量的摄取。

那么，大脑如何调控人的进食行为呢？在现实生活中，我们会发现，人不仅在饿时想吃东西，很多时候即使不饿也想吃东西。对上述两种情况进行仔细分析，我们不难发现，引发人的进食行为的原因有两种：饥饿感和食欲。二者是有区别的。饥饿感主要指生理上的感觉，人会有明显的生理反应，如肚子“咕咕”叫、感觉胃发空。而食欲的关键在于“欲”，食欲是生理和心理共同作用下产生的对食物的欲望，是一种期待。我们可以简单地将其理解为馋的感觉。例如，原本没有饥饿感，但看到高糖、高油的食物或食物广告时，或者逛街闻到食物散发的香味时，会突然产生想吃东西的念头。饥饿感和食欲有时独立存在，即有饥饿感但没食欲或食欲很强但没有饥饿感；有时又相伴存在或都不存在，如感觉饿的同时食欲很旺盛，或者因为生病而既不饿又没食欲。饥饿感和食欲共同影响着人类的进食行为。而它们俩都是由大脑来调控、受激素的影响。在激素的调节下，一个身体健康的正常人的饥饿感和食欲会围绕一个基准线小幅度地上下波动，既不会过度旺盛，也不会过度衰退。我们可以说，大脑通过激素来控制饥饿感和食欲，从而影响着人类的进食行为。

最常见的几种影响饥饿感和食欲的激素有瘦素、食欲刺激素、胆囊收缩素、神经肽 Y、胰岛素、胰高血糖素等。如果在减脂过程中，饥饿感出现得越来越频繁、满脑子想的都是吃、怎么都吃不饱，那你一定要继续看看下面这些与饥饿感和食欲相关的激素的介绍。有研究显示，体重减轻 10% 就足以让体内与食欲有关的激素的分泌发生变化，激活身体的能量补偿机制。

食欲刺激素和瘦素

在上述激素中，对饥饿感和食欲影响较大的是食欲刺激素和瘦素。

食欲刺激素是由胃底黏膜分泌的一种激素，它通过血液循环作用于下丘脑，主要作用是让人产生食欲，让人突然对平时并不感兴趣的高能量食物产生渴望，如突然想吃蛋糕、饼干。食欲刺激素的分泌可以提升我们对食物的好感度，尤其是对高糖、高油的食物的好感度。如果你吃饭时，明明已经吃撑了，可是手却停不下来，还是想一直往嘴里塞东西，那是因为体内的食欲刺激素水平过高，它们会妨碍脑神经下达已经吃饱、停止进食的指令，从而让人在胃已经被填满后还是停不下来，想要继续吃东西。如果在吃完饭两小时内，没有饥饿感的情况下还在不由自主地找东西吃，那是因为体内过多的食欲刺激素提高了人对食物的关注度。

瘦素由脂肪细胞（我们最不喜欢的）分泌，它也与人的食欲关系密切。你可以把身体想象为一个水池，有一个进水管和一个排水管来维持水池中水量的平衡。进食相当于进水，以维持人体基本生理功能，日常活动消耗相当于排水。

进水和排水需要保持平衡，既不能进水太少或排水太多导致水池干涸，又不能进水太多或排水太少导致水池中的水溢出。理想状态下，水量进与出的速率相差不会太大，也就是需要多少能量就摄取多少能量。下丘脑负责调节能量摄取量，可以将下丘脑想象为控制进水和排水的调度室。瘦素则像信使，它最重要的工作是向下丘脑传递信息，向下丘脑汇报人体内的能量储备量。瘦素分泌量较多时，下丘脑接收到的信息就是能量储备已经足够为身体所用，它会认为不再需要摄取能量，就会向身体发出减少进食的命令，起到抑制食欲的作用。在这种情况下，我们就不会再想吃东西了。同时，下丘脑会向身体发出消耗能量的命令，鼓励人多活动，多消耗能量，我们会感觉精力充足、体力充沛，想多活动一下。而瘦素分泌量较少时，大脑收到的信息是身体内的能量储备不足，需增加进食量补充能量以维持生命。

瘦素和食欲刺激素共同调节人的食欲。如果把下丘脑控制食欲的机制想象成开关，瘦素是关，食欲刺激素则是开，食欲刺激素的分泌量多时瘦素的分泌量就少。正常情况下，餐前食欲刺激素水平会升高，人的表现是无法集中注意力来工作、学习，有想吃东西的愿望；餐后，食欲刺激素水平则会回落。有长期节食或暴食经历的人，不妨回忆一下还没有开始减脂的日子，那个时候，去饭馆大吃一顿后会有下顿饭不太想正常吃、只想喝稀粥配凉拌菜的感觉。大家会想，如果自己体内有很多瘦素该多好，那样就可以一直没有饥饿感，体重就会持续下降了。但是，瘦素分泌量增加的前提是身体必须有一定量的脂肪，脂肪减少，瘦素的分泌量就会减少，所以体脂减少食欲就会变得更加旺盛。

瘦素和脂肪的关系看似矛盾，其实，这种相互制衡的关系正是人体神奇之处。更复杂的是，人体内每一种激素之间相互影响，牵一发而动全身。脂肪的重要功能之一就是调节内分泌平衡，女性因为有月经，加之可能面临妊娠期、哺乳期等特殊时期，激素变化较为频繁，对生活中突然的变故更加敏感，因此，女性盲目减脂比男性更容易出现健康问题。

皮质醇

另外一个对食欲有重要影响的激素是皮质醇。它是位于肾脏上方的肾上腺分泌的一种应激激素，可以帮助人更好地应对压力。

首先，大脑是人体最重要的器官之一，皮质醇水平升高会促使更多的葡萄糖进入血液，使大脑得到稳定、持久的葡萄糖供应，以保证大脑持续获得能量，而只有大脑中的能量充足，人体才能更好地应对压力。其次，面临压力时，人体需要更多的氧气、能量、营养素以便应对危机，而皮质醇的重要任务之一就是想尽办法保证人体能量的供应和节约人体内的能量。

皮质醇保证能量供应的第一个方法就是让人食欲大开，这一点令所有想减脂者倍感头疼。皮质醇会通过降低瘦素水平、增加食欲刺激素的分泌来提升人的食欲，并增加人的饭量。在这些激素的作用下，人会感到生理性的饥饿，更要命的是，同时会产生精神上的饥饿感，即不是特别饿但就是嘴馋，尤其想吃高糖、高油的食物，满脑子都是甜面包、糖火烧、糖醋里脊，一想到它们就直流口水。大脑会提取出关于食物体验的美好记忆，让它们唤醒你的食欲。经过大脑的计算，这些食物可以让你在更短时间内摄取更多的能量来缓解压力带来的危机，有利于生存。（瞧，大脑是多么聪明地为咱们着想呀！）皮质醇保证能量供应的第二个方法则是让人的腹部囤积更多脂肪。

更可怕的是，皮质醇水平提高有可能引发情绪性进食。情绪性进食不同于生理需求驱动的进食，它主要由情绪问题触发，可以细分为 3 类。

享乐型进食：指在不饿的情况下也想吃东西，纯粹是为了享受吃东西带来的快感，可能是味道带来的愉悦感，也可能是咀嚼、大口吞咽带来的快感。目前，研究人员对享乐型进食的生理机制还没完全弄清楚，较公认的说法是进食行为过于频繁地激活大脑中的“奖励系统”，类似于上瘾。如果享乐型进食演变为毫无节制的常规行为，增重的可能性无疑会大大增加。

缓解痛苦型进食：与享乐型进食者不同，这种情绪性进食者不是为了享乐，而是为了缓解痛苦，也就是想通过吃东西让心情暂时好一点儿。你有没有发现，人在情绪平稳、心情较好、睡眠充足时，“自控力”比较强，选择健康食物的阻力较小，能接受口味清淡的食物，能按部就班地执行健康的饮食计划。而出现紧张、无聊、孤独、焦虑、伤心、生气、烦躁、低落等“负面”情绪时，人则倾向于拿食物当作慰藉物。这时，食物类似“止疼药”，可以舒缓不良情绪。在有负面情绪时，人本能地不想吃 “健康食物”，转而渴望高糖高油、对味觉刺激大的重口味、精加工的食品，如蛋糕、薯片、饼干、炸鸡、奶茶、冰激凌、巧克力、麻辣火锅等。

请注意一点，上面说到情绪时在“负面”二字加了引号，我想表达的是，虽然这些情绪一般被视为不好的情绪，但负面情绪也只是情绪的一类，不应该极力避免任何负面情绪，它也有存在的意义。大家可能有这样的经验，越回避负面情绪，它就越“阴魂不散”。其实，负面情绪是身体和你交流的一种方式，身体试图提醒你，目前的状态有不合适的地方，需要改进。

第三种类型是享乐型混合缓解痛苦型进食。一般常见于饮食失调人群，对这些人而言，吃东西既能带来快乐，又能缓解压力带来的痛苦。由于长期饥饿导致的饮食失调会使人在吃到食物的一瞬间所获得的快感提高若干倍，所以人会像饿了好几天的小老鼠突然掉进了米缸似的，疯狂地吃。试想一下，没挨饿时，谁也不觉得白米饭香，怎么也需要搭配着炒菜才好吃。但长期挨饿的人，就连只吃白米饭都觉得香甜无比，会一直吃，根本停不下来。这种源于最基础的生理欲望被满足的超强愉悦感会强化大脑“奖励系统”，使得其他任何事都不能与进食这件事相媲美。那种被满足的愉悦感深深地印刻在了大脑里，大脑找到了让自己欢快的路径。于是，不久后人会对食物产生更强的期待，进而再次进食，这样就逐渐形成一个“奖赏回路”，最终导致食物上瘾。被欲望支配的上瘾行为最大的特征是在欲望被满足后，随之而来的不是幸福感，而是内疚、悔恨、自责，以及发誓下次一定不这样了。被反复强化的大脑“奖励系统”加上慢性压力下的应激反应，对人的饮食行为模式的影响可以说是深远的，它会导致人在饮食方面出现各种不能自控的连锁反应：节食久了就会知道，比生理饥饿更难受、更难忍耐的是精神上的“馋”。长期吃所谓的超级干净的食物，或者长期节食的人经常会出现以下问题：突然嘴馋，偶尔吃一口面包就会停不下来，或是吃一顿饭就摄取了全天的能量，吃完后则又会满心悔恨、充满负罪感，想尽办法采取各种补救措施，等一切归于平静后又会重复上面的过程。其行为往往充满矛盾，人会陷入越来越痛苦的境地，以至于自己都不认识自己了。

总结

当然，除了上面所说的因素之外，还有其他各种激素共同调节能量的摄取，由于篇幅限制，在这里无法一一介绍。人体就像一个精密的仪器，人体内在的运行机制非常复杂，各种激素、器官的运转都遵循着一定的规律，它们互相关联，牵一发而动全身。

正是这些运行机制的存在致使你想通过少吃多动来减脂的愿望终将落空，实际情况是，不是主观上少吃就可以少吃的，减脂也不仅仅是少吃东西那么简单。节食失败的根本原因在于其不可持续，因为节食是在对抗体重调节系统，受大脑控制的强烈的饥饿感是身体无法抗拒的。由于体内能量和营养素储备充足，所以初次减脂者可能可以在几个月、甚至1~2年内忍受节食带来的饥饿感。但即使如此，节食也一定不会永久持续下去，因为除了让你产生饥饿感，身体通常还会用生病（生理和心理上的疾病）来抗议你的节食行为。到那个时候，人就不得不停止节食，具体内容一起看下一节吧。

1.3 靠意志力做到了长期坚持节食，真的是好事吗？

在上一节中，我介绍了节食是如何对抗人体调节的自然规律，为什么节食后会食欲大增、出现强烈的饥饿感等内容。面对“来势汹汹”的饥饿感，很多人会放弃节食，但也有一部分人，尤其是初次节食、尚未因节食出现减脂后遗症的人或者非常执拗地想要实现某个目标的人，会忍耐着节食给身体带来的饥饿感，继续节食。可你不知道的是，在节食初期，你仅仅会感到饿，但如果忍耐饥饿感，强行继续节食，那你就是在对抗身体承受力，一旦身体受到的影响和伤害超过了身体所能承受的极限，各种健康问题就会接踵而至，甚至会有严重疾病出现。下面，我会用体重循环回路图来辅助说明节食是如何对抗人体承受力的。

人们以为的体重循环回路

很多人一想减脂时，下意识产生的想法可能和图 1–2 所示类似。

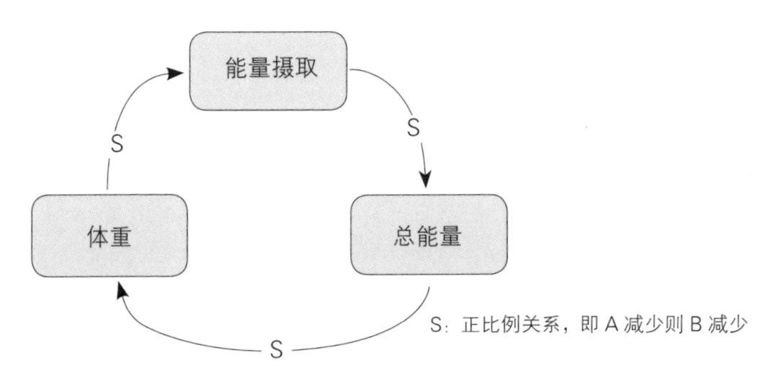

图 1–2　人们以为的体重循环回路

在图 1–2 中，三个要素的因果关系为：当摄取的能量减少时，则体内总能量减少；总能量减少，则体重降低。体重降低是大家想要的反馈，所以看到体重降低这样的结果，人就会强化和维系这个因果关系，即继续减少能量摄取，然后就这样一直循环下去。这就是很多人一提到减脂时的大脑思维过程，以致出现下面这样的情况：晚饭不吃主食后体重下降了，嗯，这是我想要的反馈，那就继续晚饭不吃主食。

实际的体重循环回路

那么，上面这个看似正确的体重循环回路是否符合现实呢？按照图 1–2 的逻辑，如果不存在干扰因素，这个回路可以无限地持续下去，也就是人会越吃越少、越来越瘦。直到能量摄取值已经减无可减，只有完全不吃东西，或人已经无法更瘦，这个循环才会停下来。但这显然是不现实的，因为恐怕还没有到那个时候人就已经躺在病床上，甚至会有生命危险。虽然大家都懂这个道理，可在减脂的时候，人们往往当局者迷，被暂时性的胜利所蒙蔽，很多人都希望体重一直降下去，会因为体重不再下降而焦虑。而问题在于体重根本就不会一直下降，图 1–2 只是我们的一种想法，但它是不切实际的、非理性的。那现实是什么样呢？我们来看下面的这张图，即图 1–3。

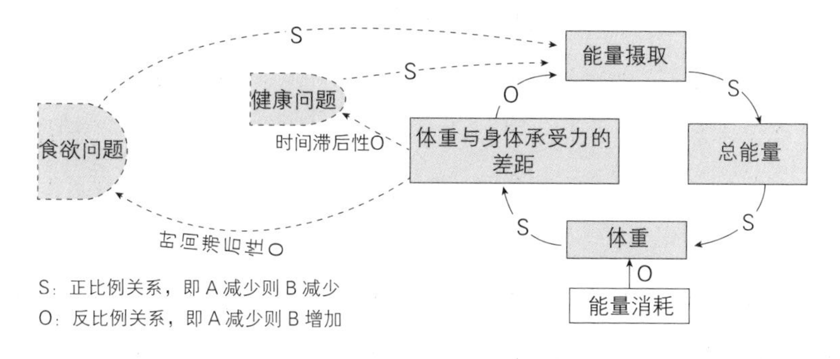

图 1–3　实际的体重循环回路

在“理想”的体重循环回路的某个或多个环节中，一定会有干扰因素出现，使得能量摄取减少到某个点就无法继续减少了。也就是说，此循环回路会在到达某点时不再继续循环下去，如果把整个循环过程看作一个系统，身体承受力就是控制整个系统发展的关键。在体重的循环回路中，“身体承受力”就是调控整个过程的重要因素。例如：某人的基础代谢所消耗的能量为 1 300 千卡，开始节食时摄取的能量为 1 200 千卡，能量摄取减少则体内总能量减少，总能量减少则体重减少（虽然能量消耗也会影响体重变化，但这不在本节讨论范围内）。接下来，每循环一轮，能量摄取就减少 100 千卡，体重也相应地继续减少，这样持续下去，体重与身体承受力之间的差距就越来越小，与身体承受力的差距越小，则越需要增加能量的摄取量。

接下来，我们来看图 1–3 中的虚线部分，体重与身体承受力差距的缩小会引发一些问题，如食欲暴涨、健康问题。也就是说，体重与身体承受力的差距越小，健康问题则呈现越来越多或越来越明显的趋势。当健康问题越来越多或越来越明显时，就需要立刻停止节食，增加能量摄取量。食欲变化的道理也是一样的，在这里就不再重复了。

所以在某种意义上说，身体承受力对人而言是非常重要的，首先它会阻止人们持续节食。问题出现之后，人可能控制不住自己的食欲而停止节食，摄取了比平时多的能量，导致体重上升。这样，就打破了体重不停下降的循环，让体重回归围绕平均值上下波动的状态。如果在出现问题之后，人没有及时停止节食，那么，随着节食的时长增加或者程度加深，健康问题会越来越突出，甚至会有严重疾病出现，这最终会导致节食被迫停在某点，而不能继续下去。对身体健康而言，这个调节手段更像是一个纠错程序，可以避免人出现重大健康问题。

如本节开篇所言，如果人不顾身体发出的信号，一意孤行，靠意志力强迫自己坚持节食，那么一定会引发各种健康问题。但是，有些身体反应不是立即就会明显地出现的，而是具有滞后性的，也就是会延迟出现。因为，很多负面因素对身体的影响是需要一定时间的积累才会表现出来的。如大家所知，人体内的各种生化反应都需要时间，如月经周期的变化、肌肉的增加、肠胃消化能力的变化等，很多时候，并不是当天吃了什么东西就会在身体上有所反馈。通常情况下，若非急性疾病，身体不会突然崩溃。例如，食欲不会突然失控，食欲失控是体重或体脂率降到一定程度、长期能量摄取不足和营养摄取不足共同作用、逐步累积造成的后果。

【延迟反应】

首先，我们以食欲和月经的变化为例给大家解释一下延迟反应。

体重减轻到使身体质量指数低于最低标准值或徘徊在最低标准值附近时，即小于等于 18.5 时，人体会发出各种警报信号，如食欲明显增强且不受控、吃什么都觉得格外香、满脑子都在想着什么时候开饭等。长期摄取能量过少，上述症状也会出现，目的是“阻止”人继续吃得过少。然而，这些症状不会立即发作，也不会让人不舒服到想要马上就医，而是会经过很长一段时间，随着人越吃越少、体重越来越轻逐渐变得明显，趋于严重。

食欲问题是减脂过程中的一个难题，因为如果没有相关的营养和运动方面的经验，很少有人会重视吃饭变多、人变馋这种情况。

而如果食欲暴发没有被引起重视，闭经会是一个更严重的生理警报信号。由于月经周期的变化本就需要一段时间，想观察到当下行为对月经周期的影响并不容易。当下阶段的饮食对月经的影响可能要等下一个月经周期或更久之后的月经周期才能显现。由节食导致的闭经有可能是几个月、甚至一年的行为积累的结果，在闭经前，常有月经周期变长、经血量变少和颜色变淡等信号。闭经时，常伴有食欲失控的表现。

此外，闭经后的恢复也具有延迟性。因为各种激素的变化、肠胃消化功能的变化都有延迟性，这些因素会让整个体重循环系统在一段时间内处于调整中，人体把各种变量都“消化”掉（如激素逐渐恢复平衡或身体恢复健康）之后才能平稳运行。所以，因为闭经而恢复正常饮食后体重有所上升是正常现象，不要因此而着急，你要知道，这只是恢复的过程，不是终点。

分析延迟反应是难点。如何判断两个要素之间是否有延迟反应、延迟反应大概会滞后多久和带来什么影响，需要通晓整个体重循环回路是如何运行的，这就需要强大的自我管理能力和丰富的健康知识。

总结

需要注意的一点是，并不存在完美的体重循环回路图。因为人体本身就是不断变化的有机体，所以我们需要经常优化或调整图中的某些因素。此外，每个人的体重循环回路也会因为个体差异而有所不同。大家可以动手画一画自己的体重循环回路图，看看影响你体重变化的要素有哪些，这样更容易看清楚体重变化的本质。

上面举例所使用的体重循环回路图是为了展现一种思考方式，让大家学会以更广阔的视角看问题，从而找到影响体重变化的各因素之间的因果关系，进而找到影响体重的关键变量。篇幅有限，所举例子中涉及的变量比较少。其实，体重循环回路受代谢情况和激素水平共同控制，在实际生活中，还有更加复杂的因果因素影响着体重的变化。有时可能是“一果多因”，即多种因素共同影响整个体重循环系统。

其实，大家的精力和智力都差不多，主要就是看能否把精力放在更重要的地方，能否找到关键变量。如果把“减脂期间能否喝粥”这件事放到体重循环回路图中来审视，则属于不会影响大局的“细枝末节”。而**能量摄取量、蛋白**

质摄取量、是否做抗阻运动、睡眠情况则都是关键变量。其实，很多减脂者过度纠结的问题并不是决定成败的关键，完全可以依个人偏好而定，他们把精力用错了地方。总的来说，只有能对整体系统有决定作用的部分才是关键因素，应该把所有的精力用在那里。希望通过本节的内容，大家能明白细节的重要性。但是，我们不能陷入细节，而要学会站在更高的层次上看问题，进而抓住问题的关键。

另外，看清各个因素之间的因果关系，就不会因为一时得失而自乱阵脚。初学者难免会过分关注细节，例如读者来信说“我最近食欲特别旺盛，听说饭前喝苹果醋可以降低食欲，这是真的吗？”我回复说尝试使用苹果醋前，可以先尝试多睡会儿觉。她恍然大悟，说确实最近工作压力大，睡眠特别不好。这位读者的问题就在于没有思考各因素之间的关联，而只是关注于一个可有可无的细节。

很多时候大家容易只聚焦于吃饭这件事，深究吃某种食物能否有什么功效，但需要明白的是，吃饭有时不是问题所在，只是整体中的一个因素，更重要的是要学会把握吃饭、睡眠、运动、食欲之间的因果关系，以及找到某因素变化后，其他因素随之变化的规律。例如，有氧运动量的增减和食欲大小的关系，睡眠时间的增减和食欲大小的关系，等等。大家一定要学着逐渐从宏观的角度看问题。厘清体重循环回路中各个因素的关联比深究要素本身更重要。

所以，出一本食谱，让大家跟着学做菜，对健康减脂来说是远远不够的。健康减脂不是找几个食谱然后跟着做那么简单的事。健康减脂要求我们既要把日常饮食搞好，又要洞悉日常生活中各个因素之间的联动规律，只有做到以上两个方面，才能长期保持健康的身体和理想的形体。

本节的分析不仅能够让我们对节食的不可持续性有进一步的了解，还能帮助我们转变思维方式，换个角度看待以前减脂时会为之焦虑的因素。

第一，不要认为减脂时食欲大增等身体反应都是坏事。它们都是人体的自我保护机制，可以保证整个人体代谢循环回路持续而不会停止运行。**你首先要知道的是，这些困扰你的反应是你的身体抵御外界冲击的重要一环。简单的系统是没有这一环节的，简单的系统调节能力弱，受到冲击就可能直接崩溃。而精密复杂的系统的各个环节都存在着大量可调节的空间，所以，越精密越复杂的系统越能抵御外界的冲击。**你需要做的是在感到倦怠、食欲增强、出现月经不调等情况时尊重和信任身体，听听它想跟你说什么，而不是强行压抑或视而不见。另外，你要知道，那些反应是有延迟性的，所以，即使你已经做出了改变，也仍需要等待一段时间，身体状态才会有明显的改善。例如，节食和饮食失调后，食欲恢复正常需要时间；又如，节食导致闭经后，月经周期恢复正常同样需要时间。

虽然说循序渐进和稳定对减脂很重要，但这并不意味任何实验性的尝试都不可取，多在安全范围内小幅度地进行探索是了解自己身体的好方法。你最好学会善于利用身体反应，找到符合你身体情况的尝试安全区间。例如，随着摄取的能量持续低于基础代谢所消耗的能量，你的身体逐渐出现食欲失控的情况，那就记住出现食欲失控时的能量摄取值，这就是你的尝试安全区间最低值。随着你持续摄取过多的能量，慢慢出现肠胃不适、失眠等情况，也请记住出现这些情况时的能量摄取值，这是你的尝试安全区间最高值。

第二，减脂时，千万不能急于求成。代谢的变化、激素分泌的变化、细胞的更新都需要时间，脂肪的消耗、肌肉的合成也不可能一蹴而就，就像种子发芽不能没有孕育的过程。减脂时过于着急减掉脂肪就相当于揠苗助长，身体系统就会承受不了而崩溃。减脂时所做的改变不应该是全新的巨大改变，而应该是在原有基础上进行小幅度的调整并在整个过程中不停地矫正方向。在减脂时，进行了改变但没有得到即时正反馈是非常正常的情况，现实生活中的大部分事情都没有即时反馈，越是遵循自然规律的事情，越需要花时间来等待正反馈，看不到变化并不代表所做的改变都是没有效果的。

第三，我们要明白，在减脂的整个过程中，体重循环回路中的各个因素不是永恒不变的。大家经常问：“我以前这么吃，对减脂挺有效的，现在怎么不管用了？”那是因为你的身体情况已经发生了变化。世上没有一成不变、一劳永逸的饮食方法和运动计划，每过一段时间，你就需要重新审视自己的饮食方法和运动计划，并以原来的饮食方法和运动计划为基础，做小幅度调整。

1.4 千万不要追求速效减脂

前面讲了，节食会给身体带来不可抗拒的饥饿感，甚至引发各种生理疾病和精神类疾病。虽然大家都听过节食对身体不好的说法，但是为什么一提到减脂，很多人的第一反应就是节食，而且一而再再而三地选择通过节食减脂呢？这是因为节食确实可以在短期内带来明显的体重下降。但正是因为见效快，所以节食会给身体带来一些持续的负面影响，导致减脂者在节食后的很长一段时间都会感觉减脂越来越难，离易胖体质越来越近。

体重降得快意味着施加的刺激大

如果身边有人告诉你“使用某种减脂方法 3 个月，就瘦了很多，至今也没反弹”，并让你也赶紧使用这种方法，请你一定按捺住激动的心情，别急着“跟风”。尽管媒体常报道称某明星短时间内暴瘦十几斤，但这真不是值得效仿和提倡的好事，恰恰相反，我们应该极力避免这种速瘦。

其实，短期速瘦并不复杂，其本质是用强烈的刺激造成能量赤字。现如今，大家总是被不断涌现的、花样翻新的各种减脂饮食法搞得晕头转向。事实上，无论它们怎么变化，你只要抓住问题本质，掌握背后的基本规律，解决问题就变得轻松多了。我们可以把为了减脂而做出的任何改变都统一看作刺激，如突然不吃主食、没有喝咖啡习惯的人开始喝咖啡、尝试某种流行的减脂产品、增加每天走路步数、戒掉零食等。一个平时饮食毫无节制的人突然采用某种可以控制体重的饮食法（如低碳饮食法、生酮饮食法、素食法、间歇性禁食法等），那他一定会因受到强烈刺激而体重降低。而导致体重下降的根本原因就是存在能量赤字，即摄取的能量小于消耗的能量。

> 一般在大幅度改变饮食结构的初期，体重下降得很快。下降快的原因主要是体内糖原储存量和钠含量的减少，以及水分的流失，而不是因为脂肪的减少。身体脂肪的减少是相对缓慢而复杂的过程，脂肪减少的速度很慢。

刺激大意味着内环境稳态被剧烈打破

的确，刺激越大，体重降得越快，但身体受到刺激也就意味着身体的稳态被剧烈打破。正常情况下，体重应该是持续地围绕基准线呈小幅波动的动态平衡状态，这种保持内部稳态的能力是衡量身体健康水平的重要标准。

首先，我们来看看什么是内环境稳态。稳态，简言之就是内部环境相对稳定的状态，人体会通过调节，使各个器官、系统协调运作，从而保持人体内环境相对稳定。19 世纪，法国生理学家克劳德·伯尔纳提出“内环境”的概念时曾提出：内环境保持相对稳定是生物体自由生存的条件。美国生理学家沃尔特·坎农于 1926 年把它正式命名为“内环境稳定”或“自稳态”，并根据自己的实验结果进一步加以确证。自坎农以后，“内环境稳定”便成为生物学中最具影响的概念之一。

所有人在每天的生命活动中都面临两个环境：不断变化的外环境和较稳定的内环境。人体的内环境稳定是维持生命活动的必要条件。这两个环境不是静止的，而是总在变化的。一个部分的变化会引起其他部分的变化，从而让整体在不断变化中达到动态平衡，让生命过程完整有序地进行。只有整个内环境保持相对稳定，人体才能正常运作。人体内环境稳态涉及呼吸系统气体交换的稳定，消化系统对食物的摄取、消化与吸收的稳定等。如果内环境变化幅度过大，超过人体的调节限度，人体生理功能将出现紊乱。可以说，人体调节系统异常复杂，牵一发而动全身。一旦内环境稳态持续遭到严重破坏，身体就会出现各种疾病，最严重的后果可能导致人死亡，如过度节食导致身体各器官衰竭，身体失去调节能力，最终危及生命。体重降低得越快，说明对身体内环境稳态的刺激越大，各个器官就像面临工作量急剧变化的工人，手忙脚乱地来应对工作量突然大幅度地变化的紧急局面，身体处于非常大的压力之下。所以，正常情况下，体重应该围绕某个均值上下波动，期望体重总能快速下降是不现实的，也是不可取的，是违背身体需要保持内环境稳态这一自然规律的。即使是在体重超标的情况下，采用健康减脂方法时，体重也不会是呈直线且长期下降、一点儿都不回升的，其整体态势会围绕某个均值上下波动，只不过从长期看来是呈下降趋势的。体重快速直线式下降一定会导致人体内环境稳态遭到破坏，引起身体应激反应，各个器官无法顺利地协同合作，身体进入非健康状态。

注意，这里用的词是“长期看”，即想要观察某一事物的动态发展趋势，必然要经过一段时间，这就意味着健康减脂不可能是短期就能完成的事。而很多人的误区是没有用整体、动态的思维去观察整件事的发展趋势，只看眼前的一个“点”：体重没下降就焦躁不安，认为自己采用的方法一定是不对的。

人体在进行正常的生理活动时会有各种外界干扰因素，这时体内复杂的调节机制能使各器官、系统协调运作，消除这些干扰带来的影响，让身体始终保持相对稳定的动态平衡。所以，偶尔一顿饭没好好吃或吃多了，并没有你所想象的那么可怕，不会破坏整个减脂大计，身体会自行调节到平衡状态，使能量的摄取和消耗基本保持稳定。从整体角度看，体重调节系统追求的是一种动态平衡。

希望通过阅读上述内容，初学者能转变视角，用动态的眼光看待减脂这件事。减脂新手常犯的一个错误就是用“机器人式的”完美标准要求自己——要求自己的饭量、情绪、运动能力像设定好的程序一样，要求自己不能犯错、不能休息，要一直保持最佳状态；而且还常常会因为一点儿偏差就产生一系列灾难性想法，给自信心以沉重打击。

内环境稳态被剧烈打破会引发代谢适应

如前文所述，速瘦不利于维持人体内环境稳态。那么，身体面对这样的情况，会采取什么样的方法来应对呢？

有刺激，身体一定会做出相应的反应，例如，被掐一下会感觉疼，掐就是刺激，疼就是反应。无论刺激大小，身体都会做出相应的反应。区别在于这个反应是不是足够大，能不能被马上观察到，或即时反映到你的意识层面。如果刺激很小，如某天只比平时少吃了一个苹果，摄取能量的减少量微乎其微，可以忽略不计。大脑将各种数据汇总分析后认为少吃一个苹果不会对生存造成影响，根本不足为虑，因而不会下达进食更多的指令，你也就不会感到饿。也就是说，小刺激会被大脑判定为不严重的情形，不需要额外花精力处理，大脑就默默地帮你在“后台”将其清除了，你甚至不会在意识层面感知到刺激带来的反应。然而，如果刺激够大，身体反应就会很明显。如连续几天不吃饭，体重会迅速下降（也就是我们说的速瘦），此时身体会警觉能量供应发生短缺，为了保证生存，大脑会发出进食更多的指令，然后你会感到特别饿、胃口特别好，这就是大刺激给身体带来的明显反应。

我经常收到下面这类来信。

“2016 年，我用了半年时间成功地从 67.5 千克减到了 54 千克，然后我就变得很馋，吃了很多冰棍和甜食，后来我的体重就反弹至62.5千克。我发现，无论怎么控制饮食，我也难以瘦下去了，明明存在能量赤字，但我的体重还是没有下降。”

“以前减脂时，控制饮食后，我的体重下降得挺快。现在，我中午就吃普通炒菜加一点儿米饭，晚上基本只吃1个鸡蛋或者1根玉米，再喝一杯燕麦奶。我已经吃得非常少了，但体重没有什么变化，我感觉这次减脂很难成功。”

他们之中，有的人的问题是速瘦后体重反弹，有的人的问题是多次减脂后即使有能量赤字，但还是难以变得更瘦，甚至出现了体重反弹。我相信信中描述的情况可能是很多人的困扰。出现这种情况，是因为节食时内环境稳态被快速且剧烈打破，进而导致了代谢适应，这是身体面临饥荒时的“保命”手段。

什么是代谢适应？

面对生理刺激（节食导致摄取能量减少），身体为了维持正常生理活动不得不进行代谢调节，也就是说用更少的能量维持正常生理功能，通俗地说就是尽量少花钱多办事，这就是代谢适应。代谢适应是身体对抗体重明显降低的代谢反应，是一组适应性生化和生理反应。具体来说，就是由于体重降低，人体的新陈代谢随之改变，全天总能量的消耗较原来大幅度降低，体重调节系统会调整为“节能”模式，表现为能量消耗减少，需要增加能量摄取的信号增强，以便弥补能量赤字。

代谢适应是一种“保命”手段，是人类在漫长的历史长河中因多次面临饥荒而进化出来的。在当前社会，饥荒是不太可能发生的，与饥荒最相近的情况就要数节食减脂了。身体可不管是真遇到了饥荒，还是人故意不吃饭，只要接收到能量摄取突然减少的信号后，身体都会切换到更加“节能”的模式。所以，很多人都会发现自己在节食一段时间后体重会快速下降，然后就会进入平台期，即虽然摄取的能量很少但体重还是不会继续下降的时期。代谢适应通常出现在速瘦的“蜜月期”后，且持续时间长（以年为单位）。有长期反复节食经历的人更容易出现代谢适应的情况。

代谢适应使每日总能量消耗下降

代谢适应是如何使每日总能量消耗下降？要搞清楚这个问题，我们必须搞清楚每日总能量消耗是什么，受哪些因素的影响。

每日总能量消耗

每日总能量消耗即一天消耗能量的总值，由 4 个部分组成，分别为基础代谢消耗、食物热效应、运动消耗和非运动消耗，如表 1–1 所示。

表 1–1　每日总能量消耗的组成及其各自含义、占比和备注

	含　义	占　比	备　注
基础代谢消耗	哪怕一个人全天不做任何事，不说话、不看手机，只闭眼静卧，他也需要消耗能量以维持身体的基本生理功能（如呼吸、心跳等），这最低的能量消耗就是基础代谢消耗。 例如，一个人的基础代谢需要消耗 1 300 千卡，也就是说，即使躺一天、不做任何事，也需要 1 300 千卡能量才能维持身体各器官的正常工作	60%~75%	基础代谢消耗的能量在每日总能量消耗中的占比是很大的，如果基础代谢需要的能量多，人就需要吃更多食物来维持身体功能正常运转，这就满足了大家“多吃不胖”的愿望。反之，多吃一点儿，就容易囤积脂肪。
食物热效应	人进食后，进行消化、吸收、代谢所消耗的能量	10%	长时间（如 6 小时左右）不进食会感觉浑身发冷，吃完饭后身体就变暖和了，这就是食物热效应的体现。因为它占比较小，在减脂时可调节的空间也就较小，所以人们往往不怎么关注它。 哪怕偶尔比平时多吃几口（如多摄取的能量不超过 100 千卡），也不用太担心，因为消化吸收也需要额外消耗能量

续表

	含　义	占　比	备　注
运动消耗	运动消耗的能量	15%~30%	运动消耗在所有能量消耗中是最可控且变化幅度最大的一项，通过运动消耗能量有助于维持健康体重，通过运动造成的身体成分改变有助于提高基础代谢率
非运动消耗	也称为日常活动消耗，是从运动消耗中细分出的。除去睡觉、吃饭、有计划地锻炼，生活中其他活动都属于非运动消耗，如逛街、买菜、做饭、遛狗、刷碗、赶地铁、洗衣服、爬楼梯、倒垃圾、陪小孩玩耍、给花草浇水等		它是在减脂中非常重要但又常被忽视的一部分，除了有规律地锻炼外，一定注意其他时间也要多活动，不是说在健身房锻炼后就可以躺在床上看手机，或久坐。无论活动的时间长短，都对增加每日总能量消耗有所帮助

以上4部分消耗变多，则每日总能量消耗变多，即每日所需能量变多，反之，每日所需能量则变少。

影响食物热效应的因素有哪些呢？

首先，对食物热效应影响最大的是个人饮食结构。与蛋白质的食物热效应相比，简单碳水化合物和脂肪的食物热效应较低。有研究显示，相比富含碳水化合物的食物，富含蛋白质的食物热效应更高。比较明显的例子就是吃完肉类之后人会感觉身体发热。但请切勿理解为，为了得到高的食物热效应选择只摄取蛋白质而不摄取碳水化合物和脂肪。

其次，食物易消化的程度也影响食物热效应。例如，吃坚果后的消化吸收过程就要比吃磨好的坚果酱后的消化吸收过程消耗更多能量。吃粗粮也一样，吃玉米粒后的消化吸收过程要比吃有同等能量的玉米粉后的消化吸收过程的食物热效应要高。长期只吃粗粮（尤其是粗加工的大块状粗粮）的人食物热效应要高一些，这也是很多只吃粗粮的人能量摄取不足的原因之一。但千万不要在肠胃不好的时候，为了拥有高的食物热效应而吃不易消化的食物，这样做反而会得不偿失。

那什么因素会让基础代谢所需的能量发生变化呢?

第一个因素是瘦体重，它是影响基础代谢率的主要因素。瘦体重，也称为去脂体重，即瘦体重 = 总体重 − 身体脂肪重量。瘦体重包括肌肉、内脏、皮肤、体液、骨头的重量。对于这部分重量，我们不希望流失太多。基础代谢率和瘦体重成正比，即瘦体重占比越大则基础代谢率越高，人就越需要多吃一些食物来满足身体所需。反之，瘦体重占比越小则基础代谢率越低，人就需要少吃一些食物。

第二个因素是基础代谢率和体脂率成反比，即体脂率每提高 1%，每分钟的基础代谢所耗能量约降低 0.01 千卡，相当于每天降低 14.4 千卡，虽然看起来不多，但日积月累下来，也是不容忽视的——相当于一个月基础代谢降低约 440 千卡，一个中等大小苹果的能量约为 104 千卡，假设其他条件不变，一个月要少吃 4 个苹果才能不发胖。

我们经常说岁数越大减脂越难，明明吃得和以前一样多，但更容易长肉了，不像年轻时不吃一两顿饭身体就有明显变化，其原因就在于基础代谢率的降低。随着年龄增长，瘦体重占比减小，男性和女性的基础代谢率分别会以每年 2% 和 3% 的速度降低。如果生活习惯还和以前一样（甚至更糟糕），一两年内可能没有明显变化，但长期看腰腹上的肉一定会变多，而且不容易减掉。

对减脂者来说，非运动消耗也是很重要的因素。肥胖问题现在是全人类共同面临的一大难题，根本原因在于很多人一直处于能量盈余状态，即摄取能量大于消耗能量，与之前相比，主要是两大方面的改变造成了如今这种情况。一方面，摄取能量比过去变多了，有研究显示，全球范围内从 20 世纪 70 年代到

20世纪90年代末，人均每日能量摄取增加了400千卡。另一方面，消耗能量比过去变少了。这其中，非运动消耗的减少是很重要的原因。近年来，人们日常生活和工作方式的改变使得体力活动减少。现在无论是上班或上学时，还是业余时间，久坐不动逐渐成为主要的生活方式，一坐就是几个小时的现象很普遍。此外，伴随着人工智能的发展，以前很多事情需要人工操作，如今都由机器代劳，这也在无形中减少了人们不少的活动量。

对非运动消耗影响最大的要数个人生活方式。健康的生活方式不仅仅指汗流浃背地在健身房运动。如果一天中除去健身之外的时间都不活动，基本一直坐着或躺着，那说明在健康生活方式方面还有改善的空间。

大家不妨在日常生活中参考下面这些增加非运动消耗的建议：简单说就是多活动。

· 长期对着电脑工作的职员，坐久了可以去爬爬楼梯。

· 尽量少用电动化工具，多走路、爬楼梯、骑自行车。

· 下班回家后别老坐着看电视或者电脑，站着活动一下，做做拉伸运动。

· 每天根据个人体力步行5 000~10 000步。

· 周末和假期多参加户外活动，尽量多接触大自然、多晒太阳，如逛公园、遛狗。

· 没有整块的活动时间时，抽5 ~ 10分钟运动。

值得注意的是不要走极端。有些人知道久坐不动不好后，变为一坐着或躺着就焦虑，甚至每次吃完饭都不敢坐下来。其实，大可不必这样，并不是说完全不能坐着、躺着，千万不要过度地解读信息，尽量多活动就可以。

代谢适应对每日能量消耗的影响

基础代谢消耗的能量在每日能量总消耗中的占比为 60% ~ 75%，其降低对每日能量消耗产生的影响最不容忽视。节食后，肌肉、体液等“干货”会逐渐流失，体重因而快速下降基础代谢率也因而降低，这种情况就是我们常说的基础代谢受损。有研究显示，被试者体重下降很多后，基础代谢率也会降低。可怕的是，体重反弹之后，基础代谢率不会随之提高。简单地说，复胖以后体重增加了，但基础代谢率没有随之提高，反而比以前更容易发胖。这就是为什么节食减脂只是短期有效，长期看来，其结果是越饿越胖、越减越胖。

此外，身体会在节食时采取另外一些措施以应对能量的短缺，如提高食物的吸收率，将能量转化为脂肪储存起来。身体还减少一些不必要的能量消耗，如消化系统、生殖系统相比于神经系统、呼吸系统、内分泌系统来说地位要低一些，在监测到体内能量不足时，身体会减少提供给消化系统和生殖系统的能量，甚至关闭它们的一些功能（人就会出现消化速度减慢、闭经、不孕等问题）；或者，身体会为了节约有限的能量减少分泌某些激素，如卵泡刺激素、黄体生成素。经过这一系列操作，身体保证了节食的人吃很少的食物也能维持最基本的生理活动。简言之，身体功能减退，基础代谢率降低，从而保证人只需吃很少的食物就可以维持生命。这就是代谢适应。

虽然只要肌肉流失就会引起基础代谢率降低，但是代谢适应引起的基础代谢率降低和肌肉流失引起的基础代谢率降低有所不同。不同点在于前者的下降幅度比预期还要大。

例如，一个人原来的全天总能量消耗是 1 800 千卡，从理论上讲，体重因肌肉流失降低 10 千克后基础代谢所耗能量会降低约 100 千卡。假设全天总能量消耗的其他 3 个部分都不变（虽然随着食量减少食物热效应消耗也会减少，但这部分能量占比很小，可忽略不计），那此时这个人的全天总能量消耗为

1 700 千卡。而当出现代谢适应时，此人降低同样体重后，会发现即使摄取的能量少于 1 700 千卡，运动量还比以前大，自己的能量摄取明显小于能量消耗，但是体重也不会下降，这就是因为此时实际能量摄取和消耗并不像你认为的那样存在能量赤字，也就是说理论上此时全天总能量消耗比以前少了 100 千卡，但实际上基础代谢率下降得更多，全天总能量消耗减少得更多，即不止少了 100 千卡。

全天总消耗能量降低后，即使摄取同等能量，人也会比以前更容易发胖。这就是为什么节食虽然短期能快速瘦下去，但可持续性差，容易遇到平台期，且减脂成果并不能长期保持，从长期来看，甚至有越减越肥的趋势，身体活力也越来越不尽如人意。

无论使用哪种饮食法减脂，失败的根源大多是体重降低太快太多、从而引发代谢适应，以及缺少后续维持体重稳定的方案、从而导致该饮食法不可持续，无法长久稳定地成为生活方式的一部分。所以，要想健康瘦就要保证使用的减脂饮食法不会引发代谢适应（可以有正常平台期），实施起来阻力尽可能地小、进而保证可长期持续下去，此外还需要有减脂成功后的后续体重维持方案，这种饮食法会在第 4 章中详细说明。

1.5 遇到平台期和体重反弹，不是你的错

平台期

人体最重要的机制之一就是适应。无论面对何种情况，我们的身体总能以最快速度适应新刺激。因此，人类可以在残酷的生存环境中生存、繁衍。这一机制在减脂时同样起作用，减脂时，新的刺激会给人体带来新的变化（体重下降），无论是饮食方面的改变还是运动方面的改变，在改变初期，它们对体重的刺激效果总是很明显。当刺激成为常态，身体适应刺激后，便不再有新变化产生，人就会进入到体重不变的平台期。

我们常说的平台期指体重下降一段时间后不再有明显变化，或者无论采取什么手段体重都不再像减脂初期那样快速下降了。在现实中，平台期可以细分为两种类型。

类型一，正常平台期。在正常健康减脂时一个月或更久没有进展可以看作正常平台期。健康减脂指能量赤字不超过保持期能量的10%~15%，甚至更低。假如，每天摄取1 700千卡，1~2个月后在其他变量基本不变的情况下，体重既没上升也没下降，那1 700千卡就是你的保持期能量。

不是只有节食才会出现平台期，无论是否刻意节食，只要有一段时间总能量有赤字、体重有下降就会出现平台期，这属于正常现象。这里的平台期是中性词，出现平台期是身体为了弥补能量赤字带来的能量差，使能量摄取和消耗重新达到平衡状态。不仅减脂时会出现平台期，增重时也会出现平台期。平台期的本质就是身体使能量赤字或盈余消失。

类型二，代谢适应下的平台期。有平台期不一定有代谢适应，而出现代谢适应时一定会进入平台期。由节食引发的代谢适应一定会导致平台期出现，相比上面讲的正常平台期，代谢适应下的平台期出现得更快。少吃多动造成的能量赤字越多，体重降低得越快，那么，平台期来得越快。

需要我们关注的是第二种平台期。因为，既然一个人已经到了代谢适应的地步，他肯定已经长期处于能量赤字状态（可能每天既吃得很少又进行大量运动），且目前的体脂率与初始时相比降低了不少。长期处于能量赤字和体脂率大幅降低（或者低于健康范围的最低值）对身体而言是非常大的考验。

面临平台期的错误选择

错误选择 1：继续少吃多动。曾经想要尽快看到效果的我不加思索地就选择了这种方法，因为这样瘦得最快。但副作用也非常明显：食欲逐渐失控、时常感到饥饿、脾气变得特别暴躁、难以集中精神、疲劳感增加。瘦得越快，副作用越明显，越易导致饮食计划崩盘，进而最终放弃计划。

以前的我下意识地会靠增加有氧运动时间来增加能量消耗，但这样做后我会感觉更饿，吃得更多，在食欲和能量消耗间不停地“拉锯”，以致筋疲力尽。如果既不了解摄取食物的能量值、也不了解自身对能量的具体需求的减脂新手这样做，可能出现摄取的总能量比运动消耗的总能量还多的情况。这种情况下，人就会进入“运动越多就越饿，但吃得更多，只能做更多运动”的循环，或者得出“运动让人变胖”的结论。

错误选择 2：放弃节食，回到旧习惯，体重反弹。有些人只要经历了一次食欲暴发，吃了所谓的禁忌食物，就会彻底“破罐破摔”，马上毫无顾忌地吃那些忍耐了许久都不敢吃的东西，这会导致体重迅速反弹，还会导致月经不调、情绪不稳定等各种新问题。

受身体承受力的限制，人不太可能在原本已经吃得少、动得多的情况下，吃得更少、动得更多。“身体承受力”是体重调节系统的重要调节手段。人面临平台期时，身体的承受力几乎已经达到崩溃的临界点，要保持现有成果不反弹，就需要耗尽全部力气。这时大部分人不可避免地要面临失控的食欲，若无法控制食欲，体重就会反弹，要么反弹回接近减脂前的体重，要么反弹到比减脂前还重的体重。

平台期其实不可怕，对不少人来说，关键问题是以下 3 个：第一，平台期来临得太快，让人猝不及防、毫无准备；第二，缺乏对平台期的正确认识；第三，无应对措施。

如果不能正确认识节食的危害和代谢适应，人们通常会在平台期采用越来越极端的饮食法以期望体重继续下降，这样做的后果通常是引发更严重的身体应激反应，如饮食紊乱、闭经、抑郁，最后不得不完全放弃节食，导致体重在短期内反弹。

对平台期的正确态度

如果你面对的是第一种平台期，你要明白，这种平台期对减脂的影响有限，因为之前的能量赤字并不大，最重要的是人的代谢水平没有大幅度下降，留出了继续改变的余地。只要有平和的心态，加上科学的评估和调整计划，就可以较为容易地突破平台期，继续减脂。此外，有一点需要提醒减脂时急于求成的人，两三天或一两周体重没有变化并不算遇到平台期。

如果你面对的是第二种平台期，你要明白，由于是代谢适应下的平台期，能量总消耗下降水平比预期中还要高，所以无论怎样少吃多动，体重也很难有所变化。另外，由于长期的能量和营养素摄取不足，人会处在比较疲劳和压力较大的状态。能量赤字过大和代谢适应导致处于此种平台期不会有所谓的进步空间（体重和体脂率难以继续下降）。修正错误的减脂方法，放弃节食，恢复被节食破坏的生理功能才是正确做法。

放弃节食、恢复饮食不等于无所顾忌地吃，尤其是有进食障碍的人更不能从极端厌食走向疯狂进食，否则易出现再喂养综合征。

再喂养综合征指在长期饥饿后再次摄食后出现的一系列症状和体征，包括严重水、电解质失衡，维生素缺乏等。

长期节食（或禁食、绝食）会导致营养不良、习惯性处于饥饿或半饥饿状态、神经性厌食。体重短期内下降超过 10% 的人群都是再喂养综合征高发人群。很多减脂饮食法都要求少摄取或不摄取外源性碳水化合物，这会导致胰岛素分泌量减少。别忘了身体各部分是牵一发而动全身的，胰岛素分泌量长期减少会导致与其拮抗的胰高血糖素过量分泌，容易引发 2 型糖尿病。

因节食导致营养不良的人体内的钾、镁、磷等微量元素和维生素会在分解代谢的过程中大量消耗，例如节食早期血磷水平可能还处于正常范围，但细胞内的磷因营养补给跟不上已经趋于耗尽。当恢复饮食时，尤其是长期饥饿后恢复饮食时，人通常会控制不住地摄取大量碳水化合物。因长期不吃碳水化合物类食物，体内胰岛素长期分泌过少，突然摄取大量碳水化合物会刺激胰岛素分泌量增加，身体由靠脂肪供能转变为主要靠外源性碳水化合物供能，这时身体合成代谢增加，细胞对钾、磷、镁、葡萄糖的需求增加，体内因节食而存量不多的这些营养素向细胞内转移时会供不应求，人进而会出现低磷血症、低钾血症、低镁血症、电解质紊乱等代谢异常的问题，通常表现为肌无力、心律失常、心搏骤停、心力衰竭、低血压、休克、呼吸困难、腹泻、便秘等症状，严重者若救治不及时还可能有生命危险。不少患有进食障碍的人给我来信说发病时自己会将自己关在屋子里不停地吃，最后吃到胃撑胃胀，人会感觉头晕虚脱、呼吸困难。

注意，无论减脂时少吃、还是恢复身体时多吃，都要讲究平稳、渐进、不走极端。节食不好，节食后突然大量进食同样有危害。

体重反弹

减脂者常遇到的另一个问题是反弹回的体重总是在初始体重附近徘徊，例如减脂前体重是 65 千克，经过一段时间的减脂，体重还是会回到 65 千克左右。这与体重设定点有关。根据体重设定点理论，人的体重有一个设定点，由前面讲过的负责体重调节系统的下丘脑负责设定和调节。就像体温调节系统总能把体温维持在 37℃左右一样，每个人的体重都有适合自己的固定范围。当你的体重低于该范围时，无论你如何改变饮食量和运动量，身体通过代谢改变、激素调节等手段，与你经过一段时间的“拔河”后，总会把体重拉回到该范围内。

体重也不会无限制地增加下去，它会在增加到一定程度后稳定在一个范围内。如果你的身体一切正常，它会精准地调动一切机制对抗体重和体脂率的下降，会努力地使体重、体脂率维持在一定范围内。不过，这个范围不一定符合现代审美。身体认为合适的范围，以现代主观审美的角度来看，属于“微胖”程度，会有“小肚子”“赘肉”，但又不到肥胖症和影响健康的程度。这也是为什么很多减脂者都有“最初几个月减脂很容易，之后再怎么少吃也减不下去了”的烦恼。所以，市面上很多以速瘦为卖点的减脂班通常以 1 个月为期限，因为过了“减脂蜜月期”，越往后减脂越难。相信大家都有这样的体会，尤其是主要依靠节食瘦下来的人，拼命减掉的体重，吃两顿饭就全回来了。

这样看来，这个机制似乎十分令人讨厌，但它其实是身体正常的表现，如果没有它，人的体重可以无限制地降下去，那才是危险的，那个时候就需要去医院了。总之，这个机制从生存角度来说对人非常有利。一方面，由于这个机制的存在，在食物紧缺、饥一顿饱一顿的年代，身体会通过降低基础代谢率、增加食欲、减少日常活动（能休息就休息），使消耗体脂变得更加困难，增重变得更加容易，这有利于保存能量。另一方面，在这个机制的作用下，一旦有吃东西的机会，身体就“开足马力”让失去的体重和体脂率涨回来，将来之不易的能量保存起来。这种“节能”的模式能在能量摄取不足的情况下增大人存活的概率。

这就引出了诸多问题，如难道体重设定点是宿命？难道体重设定点高的人就一辈子瘦不下来吗？

你身边有没有怎么吃也吃不胖的瘦人？他们的身体里仿佛有“拒绝”发胖的基因。和我们大多数人的烦恼相反，天生的瘦人吃多了食物后，身体会通过提高基础代谢率、增加日常活动、减少食欲来抵抗发胖。对他们来说，相比于增重，减重和减脂更容易。

影响胖瘦的因素中基因因素非常重要，只要生活方式没有明显改变，看看你父母的体重、体形、肠胃功能和饮食习惯等情况基本就能推测出你以后的情况，可能 20 多岁的时候还不明显，但 40 岁以后基因对体重、体形的影响会越来越明显，人会发现自己在各方面都和父母越来越像。若父母体脂率低、肌肉量达标，那他们的孩子即使长大后常常久坐，吃进去的食物转化成肌肉的比例也较高。虽然可能外形是“脂包肌”，但体形还是会和父母的相似，不是虚胖型。

不过，虽然影响胖瘦的因素里面基因非常重要，但并不意味着基因具有决定性作用，基因固然重要，但最终结果还是受后天生活环境和生活方式两方面共同影响的。如果某个体重设定点高的人的生活方式发生了重大变化，经过一段时间，他还是会瘦下来的。例如，让一个减脂困难的、体重设点高的肥胖症患者从富裕地区移居到贫瘠地区生活、出行不再靠汽车、只能走路或骑车、生活中少使用机器、一切都需要亲自动手、高能量食物不再易得，那他最后还是会变瘦的。

那么，体重设定点能否调低？目前，根据我们的经验，体重设定点似乎不会调低，相信有反复减脂经历的人都知道，即使减脂成果保持了三四年，体重还是有可能回到减脂前。但关于这个问题的答案，目前还没有确切结论。只能说，如果有人能至少8~10年保持减脂后的体重，那么大脑可能适应此体重范围，进而把体重设定点维持在此范围内。然而很少有人能做到8~10年保持减脂后的体重，多数人在减脂6个月后体重就开始反弹，所以目前关于这方面的研究不多。

再一次强调，健康瘦的关键是要慢，不要刺激身体产生应激反应和出现代谢适应、不要让身体拉高体重设定点。要让体重和体脂率非常缓慢地、一点点地下降，让身体逐渐适应，这样反弹的概率就会减小。

【体重设定点的不对称性】

可能有人已经发现，女生减脂相对男生来说更困难。女生如果在控制饮食时做得不够好，就可能导致月经周期受到影响，最终的结果就是越减越胖。这是因为体重设定点存在不对称性。

第一，男女不对称。女性身体有生育功能，体重和体脂率需要保持在一定范围内，以保证生育功能的正常，所以女性的身体更倾向于对抗减脂，更喜欢囤积脂肪。女性一生中会频繁经历较大的激素波动期，如青春期、月经期、妊娠期、哺乳期、围绝经期等，所以女性比男性更难减脂。妊娠期、哺乳期尤其是体重设定点易上调的时期。

第二，胖瘦不对称。天生的瘦人减脂更容易。出生时胖乎乎的人减脂相对困难。

第三，体重设定点易升不易降。也就是说，调高体重设定点比调低更容易。

第2章

别被变相节食蒙蔽双眼

2.1 如何判断是在盲目节食，还是在科学减脂？

在第一章中，我讲了节食的定义，可以简单理解为，如果全天摄取能量小于维持基础代谢所需的能量即为节食，例如，一个人基础代谢所需能量为1 300千卡，那摄取能量低于1 300千卡就算节食。当听说节食易反弹和对健康不利时，很多人就会产生这样的疑问："不节食，那怎么减脂？"

方法当然有，那就是符合自然规律的科学减脂方法。就饮食而言，我们要做的不是节食，而是学会调整饮食结构，保持适当的能量赤字来科学减脂，也就是合理地管理饮食。

所以，本节就谈谈节食挨饿和科学减脂有什么不同。

能量差不同

一个人想减脂，就需要创建能量赤字。这个新的能量赤字对人体来说就是激发变化的"刺激"。那么，什么程度的能量赤字是"小刺激"，是科学减脂？什么程度的能量赤字是"大刺激"，是盲目节食？一般来说，能量赤字程度可以为分以下3种。

稳扎稳打：能量赤字为保持期能量的10%~15%。体重不超标的人可以降低到5%。

稳中求进：能量赤字为保持期能量的15%~25%。

快速激进：能量赤字大于保持期能量的25%。

盲目节食的本质是能量赤字过大。当有突然的大刺激发生时，身体会出现应激反应。此时，减脂新手很可能因为不知所措而采取错误的处理方法。**如果**

你想长期保持健康和体重稳定，那就用温和的、阶段性的小刺激，慢慢地改变体形，这样更安全可靠，但这可能需要付出更多耐心和精力。其实，只要有耐心，减脂并不是什么难事，贪多、求快反而不利于长期保持健康。在某种意义上，慢就是快，慢慢改变就不会因为冒进而被打回原点、一切都要重新开始，从这个意义上说，反而更快。

请注意，上面提到的能量赤字是相对于“保持期能量”来说的。为什么要强调细化到保持期能量呢？因为要给能量赤字设定一个正确的基准线。如果不弄清保持期能量，上来就创建新的能量赤字，那如何知道创建的赤字是否合适，赤字会不会过于激进或不足呢？

假设你的保持期能量为 1 700 千卡，但由于你不知道自己的保持期能量是多少，你以 2 000 千卡为基准线计算能量赤字，并决定能量赤字占保持期能量的 15%，那么你的每日摄取能量为 1 700 千卡，这只能保证体重不再上升，这样一来，就会出现大家常问的问题：“为什么我吃得少了，却没瘦呢？”

同理，假设你的保持期能量是 1 700 千卡，而你在不知道自己每天实际摄取多少能量的情况下，一拍脑袋就决定不吃晚饭来减脂。这样就少摄取了 400~500 千卡，相当于一下减少了 30% 的能量摄取，用这样快速激进的方式创建能量赤字，在一两天后，你就会难以忍受。

所以，以保持期能量为基准线，相当于有了参考标准，你对增加或减少摄取的能量是否合适，就能做到心里有数。想增重就在此基础上增加摄取的能量，反之，想减脂就在此基础上减少摄取的能量。

我希望熟悉的剧情不再上演：一开始就急于求成，希望体重大幅度地下降，为此拼命地节食；然而，不久之后，就进入了所谓的倦怠期和平台期，挫败感由此而产生，最终的结局无非两种，要么重新来过，要么直接放弃。

对任何不想重蹈覆辙，反复减脂者来说，先花一些时间和精力弄清楚自己的保持期能量是多少，并且练好保持体重稳定的基本功是尤为重要的。虽然这会导致开始时减脂进展缓慢，但磨刀不误砍柴工，要想跑得远和持久，就要先学会站稳，再学会走路，然后再慢慢跑起来。你是愿意开始时跑慢些，但能跑得远，还是愿意开始时的 50 米跑得挺快，然后就跑不动了呢？

一开始就不吃主食、不吃晚饭，虽然减脂减得快，但就好比孩童还没学会站稳就着急冲刺一样，自然会摔跟头。到头来还是要重练基本功，浪费时间和精力不说，还有可能使得身体有所损伤，引发疾病。

大家可能总羡慕别人能够速瘦，可是从来没深刻地反省和意识到，**保持体重稳定的能力才是根基**。对于此，无论怎么强调都不为过。你认为是热血沸腾、饿着不吃饭瘦 5 千克容易，还是 10 年内一直保持体重稳定不变容易？

一概而论地要么吃要么不吃，符合人的本能，因为不需要太多思考，可以节省脑力资源。而维持稳定是耐心、知识等“内在素质”的综合体现，需要耗费脑力。因为减脂涉及的因素很多且错综复杂，可能彼此互为因果，又互相制约。维持体重稳定的能力就是在相互交织且不停变化的各因素之间找到平衡点。

目标不同

节食减脂者的主要目标一般是体重的减少。只要能使体重数值变小，怎样做都是可以的。他们只关注体重数值，他们并不关心减少的重量来自体内的水分、脂肪、肌肉还是血液等。

科学减脂是通过科学方法减脂，即在维持基础代谢率不降低的基础上减少体内脂肪，同时尽量保持肌肉量（减脂新手也有增加肌肉量的可能）。

同时，**科学减脂还注重生活质量的提升，即其根本目标不只是减脂，还在于使自己变得更健康、自信和阳光，生理健康水平和心理健康水平都有所提升，生活质量进一步提高**。在这个过程中，人能更好地应对在日常生活中面临的各种挑战，生活会变得更加容易和舒适。例如，体力有所增加，浑身充满干劲；又如，精神状态比之前更好，整个人更有朝气，更加乐观。

是否有规划

盲目节食通常是没有统一规划的，一般是受到某种刺激后的冲动行为（如被人说胖），不太会考虑长远的生活状态是什么样子，只想着眼前怎么把身上的赘肉除去。常见的方式是一股脑儿断绝某种食物，如不吃主食、不吃肉；或者一天中至少少吃一顿饭，如不吃早饭、不吃晚饭、过午不食。这样的结果就是到了实在无法忍受饥饿的时候就重拾旧习。

科学减脂不是头脑发热的行为，它需要做全面评估和整体规划，以利于长久保持健康状态为基础。科学减脂计划有明确的开始时间点和结束时间点，在整体规划中，会定期安排饮食缓冲期，并且规定了时长。

【饮食缓冲期】

为了便于理解，下面简单谈谈饮食缓冲期是什么。我们可以把饮食缓冲期理解为减脂期中的若干休息期。

例如，在减脂期内，有 1~2 周按照保持期能量摄取能量，即增加一些能量摄取。假设减脂期摄取的能量是 1 550 千卡，保持期能量是 1 650 千卡。可以在减脂期的 1/2 阶段，安排 1~2 周每天摄取 1 650 千卡。具体安排可以根据个人需要进行灵活调整和试验，如减脂新手也可以在减脂期的 1/3 阶段和 2/3 阶段各安排一段饮食缓冲期（每天摄取 1 650 千卡）。其中，增加的能量要尽量来自碳水化合物，偏爱脂肪的人也可以适当多摄取脂肪。因为碳水化合物可以调节人体内的激素分泌水平，降低压力激素——皮质醇的分泌水平，提高运动表现，间接增加日常活动消耗。有些人的水肿症状会因为压力激素水平的降低而自行消失。当然，也有些人会因为增加了碳水化合物的摄取而略有水肿。这没必要担心，只要进行必要的抗阻训练，水肿症状就会在短时间内自行消失。总之，记住，在饮食缓冲期吃自己最想吃的而不是应该吃的，因为心情好时，比较容易保持和“控制”体重。

饮食缓冲期很重要，这些休息期能让减脂者的生理和心理都得以短暂休息，其目的是保证饮食方法的可持续。长期的饮食和训练证明，只有会休息的人才能走得更远，依靠一时冲动和蛮力走不远。

饥饿感强烈程度不同

饥饿感，是个人对于饥饿的主观感受，虽然每个人对饥饿的感受都不一样，但其实人的饥饿感是有共性可循的。

盲目节食者和科学减脂者在能量赤字、饮食结构、饮食所含营养素比例等方面都有所不同，由盲目节食造成的饿才是真饿，这种饿可以让人饥不择食。盲目节食之所以需要咬牙坚持才行，最主要的原因是盲目节食会让人拥有强烈的饥饿感、被剥夺感和压抑感。

而采用科学、人性化的减脂方法时，人并不会有特别痛苦的饥饿感，当然不是完全不饿，只是在能量摄取量、营养素摄取量和运动量等方面都合理的情况下，大部分时间吃得饱、吃得好、心神稳定、身体得到滋养；而且，即使偶尔有饥饿感，也是介于可吃可不吃之间，是身体可以接受的饥饿。这种饥饿的状态也不会令人产生强烈的心理负担。总体来说，比以前毫无节制地饮食时感觉更好。

食材选择不同

减脂者最常见的做法是，见到食物便问“能量高不高”。在他们的意识里一直存在着这样的饮食观念——什么食物能量低就吃什么。

所以，为了迎合减脂人群，很多减脂食品的生产商在包装上下足了功夫——在包装上印有 “低能量”“无糖”“无油”等字样，进一步对大众强化减脂就应该吃这些食品的观念。大家消费得多，生产商就继续满足大家的需求，形成一个循环。

多数人还是不太愿意计算每顿饭的能量，基本靠感觉去吃。减脂者大多抱着“低能量食物可以多吃，反正能量低，不会让人发胖”的心态，因而一般依靠**大体积、低能量**的食材（如蔬菜叶、黄瓜、番茄、魔芋、南瓜、红薯）填饱肚子，以获得所谓的饱腹感。这就容易导致一个问题，即食物体积与其自有能量不匹配。例如，按照平时吃米饭、馒头等主食的饭量来吃上面提到的大体积、低能量的食物，那就容易造成虽然吃进去的食物体积和以前一样，但摄取的能量比以前低很多的结果（虽然这是这类人希望的结果），倘若能量赤字过大，长此以往，就会导致营养不良。

还有一些减脂者的情况认为只要吃的食物能量低或零能量，就可以肆意大吃大喝。既不发胖，又能过嘴瘾，多好，终于实现了“吃多少都不胖”的愿望。但是，现实真的那么美好吗？

我要再着重说一下，只看食材的能量高低是没有实际意义的，只有把食材能量的多少放在整体中来看才具有意义。具体来说，例如 50 克生南瓜的能量约为13千卡，其中93.5%都是零能量的水分；而50克生米的能量约为170千卡，是南瓜的约13倍。如果用“哪个能量低吃哪个”的思维定式来考量和权衡，减脂者吃南瓜肯定比吃米饭要好。但是别忘了，只看食材能量的高低是没有实际意义的，无论哪种食材都要将其放在整体中来审视。假设一天需要摄取的碳水化合物为150克，即需要靠碳水化合物来提供的能量为150×4=600千卡（1克碳水化合物为人体提供4千卡能量），如果将生米当作碳水化合物的来源，那么一天需要吃176克生米（600÷170×50≈176.5），以一天吃3顿饭计算，即每餐约需吃58克生米，煮熟后为100克多一点儿。

如果用南瓜代替全部米饭，需要吃2 300克南瓜才能满足全天碳水化合物需求。即吃每顿饭都得吃出一个大肚腩来才能满足人体所需总能量，而实际上饭量正常的人很难吃得下体积这么大的食物。如果强迫自己吃下去，其结果就是胃会很不舒服。注意，为了计算方便，只比较生米和南瓜的能量，一天摄取的碳水化合物中不计入蔬菜的碳水化合物含量。

有可能在一心求瘦的人眼里，肚子每天发胀发撑、不舒服都不是问题。可是，长期盲目节食并习惯性撑大肚子后，慢慢会出现下面这些常见困扰，为出现健康问题和复胖埋下“伏笔”。

肠胃功能紊乱

低能量、大体积的食物普遍有膳食纤维含量高、抗营养物质多等特点，简单说就是不易消化、会对肠胃造成较重的负担。如果长期以这类食物为主，容易出现以下症状：吃完饭放臭屁的概率增大；经常饭后腹泻；食量偏少时，会出现便秘；胃部越来越鼓，肚子早上较平，晚上则很鼓；胀气、胃灼热、反酸、一饿就胃疼的情况变多。

肠胃功能紊乱带来的后果就是人体对营养物质的吸收率降低，身体代谢减慢，腰腹部更容易因囤积脂肪而变粗。唯有吃得更少，才能继续降低体重或保持体重稳定，这样下去，就会形成恶性循环。

饥饱感混乱

刚开始盲目节食时，吃低能量、大体积食物，人的感觉还好，既能体验到想吃多少就吃多少的满足感，又可以获得吃饱的“错觉”，另外，节食初期体重的快速降低给人带来了轻快感。但是，慢慢地，进食量越来越大，饱足感维持时间越来越短，即吃完饭不到两个小时就饿了。对饥饱的感觉逐渐混乱。

没有减脂、正常吃饭时，只要吃撑了，下顿饭肯定没有胃口。可是，现在明明每顿饭都吃到撑，怎么吃完饭还会出现意犹未尽、没吃够的感觉？怎么还想继续吃东西？怎么饿得特别快？无论吃什么、吃多少，都还是饿？这其实是人脑对饥与饱的认知出现了混乱，通俗来讲，就是不知道自己到底吃饱了没有，吃多少都不知道饱，不饿时还老想着吃，不知道什么是真正的饱和饿，自己对饱与饿的感觉出现异常。

伴随着这种困惑状态，在生理上确实饥饿的情况下，完全不吃以前喜爱吃的食物还好，但只要一有机会吃以前喜爱的食物或自认为减脂时禁止食用的食物（哪怕只吃一口），就像打开了“潘多拉魔盒”，被压抑许久的欲望终于被释放出来，对这些食物的无限渴望化为对它们的贪婪渴求，即只要尝一口，就会无休止地吃下去，变成“填鸭式”进食。

核心肌群松弛

我曾经和一位体态矫正教练探讨过这个问题，我问他暴饮暴食是否会对体态造成影响，他微笑着说不可能。后来，我仔细想了想，可能当时我没表达清楚，他是一位男教练，且从小就有良好的运动基础，可能不太理解从小不爱运动又爱吃的女生在减脂期间会遇到的障碍和为了瘦会做出什么。

数据显示，饮食失调的男女比例是严重的“一边倒”，89% 的患者为女性。根据上海市精神卫生中心的统计，近 5 年进食障碍就诊人数增加了 3~4 倍。这里所说的暴饮暴食，不是偶尔去吃自助餐比平时吃得多的那种吃。长期节食后的人都知道我说的是每顿饭都吃得撑吐了还在不停地吃的那种吃，这种进食障碍已经严重影响到人的行为习惯，进而影响人的体态。

我能知道这一点是由于我自身的经验。在减脂蜜月期时，我的饭量越来越大，每顿饭吃的都是大体积、低能量的食物，如大量蔬菜，一直吃到胃部有明显的撑胀感和不适感。想想看，你在吃撑了以后，是不是觉得胃胀得不舒服，会下意识地把上半身向右侧倾，这样就给胃腾出了空间，会让胃轻松一些，舒服一点儿。反之，如果这时试图把左侧肋骨收进去，胃部会更难受。注意，身体非常聪明，这个下意识地把上半身向右侧倾的动作，如果不是特别留意，人们几乎很难察觉到。长期下去，胀满的胃部使得胃的体积增大，人就需要经常歪着坐，侧屈脊柱来给变大的胃腾出空间，一段时间后，人就会发现自己的身体左右两边微微不平衡，例如高低肩、脊柱侧弯、左右两侧腹肌紧张度不同、慢性腰背痛等（这里说的是可能性，不是说一定有因果联系，也不能反推出上述情况一定是由吃撑引起的）。

另外，吃撑后，你有没有觉得喘气时都有些乏力、疲惫？每次呼吸都会压迫胃，让满胀的胃更加不舒服。所以，聪明的身体为了减少这种不舒服感，会自觉进行更浅、更短的胸式呼吸，以缓解胃受压迫造成的不适感，具体表现为呼吸时肩上下运动、肋骨逐渐外翻、盆底肌变松、腹部比胸部突出、小腹鼓胀（从整体看，人不胖，但从局部看，肚子很大）。在这种情况下，运动时难以激活核心肌群。

以上就是很多人都有的一个困惑：为什么吃得越来越健康、越来越少，但体态并没有越来越健美，反而越来越松弛？有些人甚至感觉自己目前的体态还不如减脂前的好，自己没减脂前那么有气质了，对体形的把控和管理反而比减脂前更加困难，无论再怎么少吃、多动，还是瘦不下去，反而有可能更胖。

其实，对减脂人群来说，误区之一就是减脂方向从一开始就错了。倘若只关注一时的、看得见的，减脂者自然就会选择能让人马上从形体上看出减脂成果的减脂方法。然而，表面上看得见的体形变化只是身体内部看不见的功能变化的“副产品”，看不见的才是长期决定你身材的关键。靠盲目节食瘦下来的人，看不见的身体内部功能已经发生了变化，反映在看得见的层面上，就是前面所谈到的困惑。

但是，由于缺少跨学科知识，减脂者在遇到这个问题时，会下意识地认为是因为自己还不够瘦、吃得仍然不够健康、能量还不够低，需要采取更为严苛的饮食法。在这个认知的影响下，人会长期缺少能量，核心肌群越来越松弛，基础代谢率持续降低，运动能力和日常活动消耗能量下降，进而只能靠吃得更少以维持目前的减脂成果，这就形成了恶性循环。

与盲目节食在食材选择上仅仅依靠吃阻碍营养吸收的食物或断绝某类营养素以达到减脂目的有所不同，科学减脂在食材选择上着重于以下 3 点：**能量适中、选择合适的食物、对肠胃友好**。关于这 3 点的具体内容，我会在后面的章节中详细说明。

视角不同

“三分练、七分吃”，这句话流传甚广，它让很多减脂新手把饮食的地位看得相当重，但很多人其实不知其背后的逻辑。总的来说，饮食确实重要，但在成功减脂过程中，它不是主导因素。长期靠节食减脂者，为了继续瘦或保持减脂成果，常孤注一掷地把自己的付出和努力都放在饮食方面，把节食当作对减脂起决定性作用的方法。在他们看来，除了节食，别无他法能瘦下来或达到自己的目标。在这种意识下，不挨饿才怪。

要想成功减脂并长期保持稳定的体重，就需要把视野放宽，令视角多元化，把饮食放到更大的整体系统中去考虑，让其与其他方面互相配合。那什么是更大的整体系统呢？这部分内容将在后文中详细说明。

2.2 你以为在吃健康餐，其实是在变相节食

很多为了减脂长期节食的人并没有意识到自己在节食，他们吃的减脂餐在某种程度上说是有害身体健康的，本质上还是节食，我称其为变相节食。时代总是在变迁，变相节食法也总会披上华丽的外衣，裹上不同的包装在市面上流行，被人们追捧，诸如不吃主食、用水果代餐、为了减脂不吃肉、过午不食等方法。

为什么称其为变相节食？

很多减脂新手在互联网上浏览了一些营养健身类网站，在获取相关零碎知识后，自以为对食物有了足够的了解，自以为掌握了“真经”，就成竹在胸，信心满满地开始了自认为健康的减脂行动。我当时也是这样，几年前风靡一时的“干净饮食（eat clean）”的饮食观念一下就俘获了我的心。这个简洁明了的口号本身就很有冲击力，可以一下击中渴望减脂者的心，让其产生践行这个口号就可以使自己特别健康的感觉。就当时而言，主张少摄取能量的减脂法往往需要减脂者计算自己吃的每一顿饭的能量。对于此，无论是谁都会觉得麻烦，我当时也是这样认为的，也不愿意计算。所以，我就想，如果我吃的食物足够干净，并且都是低能量食物，是不是就可以实现“吃货自由”，多吃些也不会发胖了。一想到有“吃多少都不会发胖”的好事，我就非常兴奋和欣喜，如同发现了减脂密码一样。当然，那时我的认知还停留在饱腹感源自吃进肚子里食物的体积，尚未体验过肚子饱了而“脑子不饱”的感觉。当时知识匮乏的我没有意识到这是走向变相节食道路的开始，也没有意识到这甚至可能引发“健康

食品强迫症”（orthorexia nervosa）。现在回首过往，我那些年减脂的经历，总的来说都是在把身体与食物的关系搞得越来越僵。但当时，我并不觉得这是在与身体较劲，没有认识到我是在走向变相节食，反而以为自己很自律、很健康。

之所以称为变相节食，是因为它具有一定的迷惑性。乍一看，吃得挺健康的，每餐都有蔬菜、水果、粗粮和瘦肉，如果不是后来身体出现各种“报警信号”，我很难意识到其中存在的问题。缺乏相关专业知识和经验的人一般只是在有关网站上看到流行的减脂餐照片里有很多水果、粗粮、鸡蛋、鸡胸肉，就认为吃得挺“粗犷、简约”的，认为这就是标准减脂餐。**另外，变相节食初期恰恰是减脂“蜜月期”，体重的快速下降很容易让人忽略或者刻意回避真相。**

有一位朋友向我咨询她的减脂餐的问题，如图 2-1（由于一些因素，就不放读者的原图了，以下图片来自我早年的饮食记录）。

图 2-1　我早年的减脂餐

这种减脂餐很具有代表性，也特别具有上文提到的迷惑性，大概减过肥的人都吃过这样的“减脂餐”。她的描述是这样的：碳水化合物来源全是红薯、玉米、芋头、糙米、全麦面包及各种粗粮。蛋白质来源都是富含优质蛋白的食物，如鱼、虾、鸡胸肉及鸡蛋。酸奶是无糖的，每餐都有蔬菜，水果是低糖的。基本不吃油，水煮菜和全麦面包是标配，水煮西蓝花天天上桌。

对普通大众来说，这看起来非常健康，是标准的减脂餐。谁曾想，问题就出现在“看起来”上面，下面继续她的描述。她说：“吃减脂餐加上去健身房，我 4 个月内瘦了十几千克。然后，我的胃就出现问题了，刚开始反酸、胀气，喝药症状就会消失、不喝药就会复发。现在每天吃完饭，胃就胀得厉害，还不停打嗝、放屁，特别难受，我尝试过服用各种西药，却一直不见效，医生诊断是急性胃炎，又查出来胃内有幽门螺杆菌，总而言之，我每天都会胃胀、胃疼，浑身不舒服，经常去医院输液。”

食材健康与否，只是相对地来说的，根据历史时期和社会发展阶段的不同，同一种食材有可能被归类为健康或好的食物，也可能被归类为不健康或不好的食物。例如，在饥荒年代，地瓜、红薯可比不上富强粉，而现在，它们却变成了健康食物。所以，不是把目前所处时代的所谓健康食材拼凑在一起放在饮食中就称得上吃得健康了。长期这样吃，反倒可能因为吃得过度“健康”，身体出现一些小毛病，例如贫血、怕冷、低血压、肠胃不好、易水肿、出虚汗、头疼、头晕、疲乏无力等。

她困惑于自己吃的都是社交媒体上流行的、公认的健康食物，但身体反而越来越不健康了。其实，偶尔这样吃，身体还不会有太明显的反应，相信不少“意志力”坚定的减脂者都遇到过类似的困扰——为什么吃着看起来很健康的减脂餐，而且没有刻意节食，但坚持了一段时间，身体越来越虚弱了呢？

这就是变相节食的危害。如果不及时修正自己的行为，那么随着体内脂肪的减少，瘦素水平下降，身体会逐渐切换到“节能”状态。在这之后，饥饿感的次数逐渐变多、进食量变大、疲惫感增强、日常活动量变少等情况陆续出现，这是身体在缓解能量赤字过大造成的能量不足问题，就好比银行存款即将用完，人自然就知道要俭省节约了，并且会在节约开支的同时想办法增加收入以维持生活。但是，这些因“节能”导致的轻微不适症状并不足以让一心想瘦的人们警醒。直到再经过一段时间，慢慢出现一些以前未经历的症状，感觉身体越来越“失控”。甚至有些人不顾身体一次次发出的警告，直到不得已去了医院，做手术、住院，才意识到自己节食过度。

可见，对于健康食物的认识不能仅停留在字面意思上，对于减脂餐要去标签化，而要深入理解健康食物的内涵，否则就会变成吃“变相节食餐”。

对于饮食的要求越来越苛刻，可能引发更严重的后果，即进食障碍，这种几十年前在西方社会常见的精神类疾病现在在中国也逐渐流行。上海精神卫生中心主任陈珏在接受《中国新闻周刊》采访时表示，自2002年以来，进食障碍就诊人数逐渐攀升；2002年，全年仅有1例进食障碍病例住院，进食障碍门诊就诊人次仅8人次；2019年，进食障碍者门诊就诊人次已超过2 700人次。

目前，在中国，进食障碍还比较陌生，专科医院较少，大众对其认知还存在盲区，出现相关症状就以为是“馋”“贪吃”“管不住自己”而已。有意识去就诊和有条件就诊的人还是少数，潜在的患者数量可能还会更多。

陈钰主任还表示，以前的病人数量受到寒暑假影响，放假时病人会多些，开学后病床空位较多。而近几年，病人数量越来越多，已经没有了季节性之分。

陈珏主任和北京大学第六医院综合三科病房主任李雪霓都表示病人年龄逐渐年轻化和低龄化，医护人员接诊的最小患者只有7岁。

为什么很多人都会陷入变相节食的怪圈呢?

总的来说，人陷入变相节食的原因主要有两类，即浅层原因和深层原因。我先说浅层原因，也就是最直接的生理层面的原因，那就是在刚开始吃所谓的健康餐时，人并不会感觉饥饿。就像前面谈到的，我也曾经有变相节食的经历。那时，我对自己饮食的要求非常严格。刚开始，我用大体积、低能量食物来填满肚子，以为产生肚子饱胀的感觉就代表自己吃饱了。在这种情况下，由于人并不会感觉饥饿，同时会认为无论是吃的食物种类还是食物数量都比以前的多，所以人并不觉得自己是在节食。

那为什么刚开始时感觉不到饥饿呢？通俗地说，那是因为在减脂饮食初期，我们身体里的“存货”还多，储备的能量足够身体消耗一段时间。一般来说，在减脂初期，男性体脂率为 12% ~ 15%，女性体脂率为 20% ~ 24% 时，人的整体感觉还是不错的，节食时并没有太饿的感觉。就如同暂时失业，没有收入来源，但银行存款还可以维持一段时间的日常生活的花销，因此人不会觉得手头拮据。此时，体内储存的脂肪可以为身体提供能量，体内储存的维生素和矿物质也足够身体维持正常的生理功能。脂肪会分泌瘦素，体内瘦素水平较高的人，节食时不会觉得太饿（只要能量赤字保持稳定水平，不会突然增加太多），并且有一定的体力，能维持较多的日常活动量。所以，此阶段很多人并不知道自己是在节食，直到坚持了进行一段时间后（具体时间根据个人体重基数、以往减脂经历、能量赤字而不同）才发觉。

至于深层原因，就涉及得比较广了。首先，外因方面，主要是受环境影响，现在人们每天可以接收到的信息量庞大而繁杂。尤其是看到某些社交软件上的各种减脂餐照片，只要水果和蔬菜种类多样、颜色丰富，人们就容易将其当作减脂餐范例，奉为圭臬。其实，这些在社交软件中广为传播的所谓的减脂餐并不一定是健康的饮食，千万不要受风潮影响，只图表面的华丽，实行“拿来主义”，照抄照搬别人的饮食。请记住，凡事一定要具体问题具体分析。

其次，内因方面。我们往往倾向于放大单一元素的作用，这样的结果只会是视野变窄，只着眼于每餐的局部而不能宏观把握每餐的整体，只能从点的视角来看饮食（如我吃了粗粮），而不能从立体的视角来看饮食（如总能量是多少、营养素搭配是否合理、长期吃大量粗粮有没有感觉身体不舒服等），潜意识里默认只要吃了有健康标签的食材就等于拥有了健康。世上还没有哪种单一的食材是人只要吃了它就能实现健康瘦，因此一定要把单一元素放到整体的饮食构架、计划中去认识，这样才具有普遍意义。

最后，对正在进行这一过程（变相节食）的人来说，最根本也是最难接受的深层原因就是自我欺骗。他们会避开这个话题，或者一直或多或少地试图说服自己“我没有节食”。探究他们不愿意承认自己在变相节食的原因，无外乎有以下两个方面。

第一，我们知道，世界上最可怕的就是自我和本我（自己的内心）的冲突。这意味着你一直给自己的行为所编织的合理解释被打碎，同时你整个人被否定，在这一过程中你所有的付出和努力都变得没有意义。但是，正所谓不破不立，要想走出节食怪圈，这一步是不可省略的。第二，人擅长给自己的行为找合理的理由。人的大脑很奇妙，意识就是它的产物。意识是对客观世界的反映。当你面对这个世界时，你对世界的理解、认知就是意识在其中发挥着作用。同理，意识在对自己的认知和理解中也发挥着重要的作用。人的大脑时刻需要理解这个世界是什么和为什么是这样，唯有如此，人才能适应、融入和改造世界，更好地生存下去。出于这种本能，对于任何事情，人的大脑都需要给出合理的解释。举个最简单的例子，经常有朋友来信问我“我这两天特别想吃花生，一吃就停不下来，我是不是缺什么营养素了？”“为什么我这两天运动后特别累，是不是能量摄取不足？”人出于本能，会希望所做的每一件事都能有合理的解释。

这个解释，不光能让人理解现在的行为，还能使其对以后的行为有预见性，这样，人才会感觉理解了这个世界，有一种“我可以更好地生存下去”的安全感。如果没有合理的解释，人就会陷入对未知世界的恐惧和焦虑，仿佛溺在无边海洋里。溺水的人会试图抓住任何可以使自己漂浮的东西，大脑也一样，会“编织”出各种解释，让事情合理化，把看见的任何事情都“美化”为可以证明自己正确的证据，这样，人才会感到安心，感到自己的存在价值。实话实说，真的每个变相节食的人都不知道自己在节食吗？谁不觉得吃“清水煮鸡胸肉 + 水煮菜”是自虐呢？无论谁出现上文提到的那些不适症状，都会在心里打退堂鼓吧？但为什么还能坚持下去呢？心里打退堂鼓其实就是在质疑自己，发生了认知冲突。为了避免认知失调带来的痛苦，大脑要给节食行为的正当性编造一个合理的理由，让你觉得这么做是对的，自虐是有意义的，这样，人就像溺水时抓住了浮板，会舒服一些。例如，明知道不吃主食不好，但还是会在心里告诉自己：“这不是不吃主食，而是低碳饮食法、生酮饮食法或原始饮食法。市面上很流行，减脂者都这么吃。”再加上践行这些流行饮食方法的人确实瘦得快，见效明显，别人一句羡慕的“哇，你瘦了”就能让人更有坚持下去的理由。

自查是否在变相节食

如果你长期在吃所谓的减脂餐，虽然没觉得自己在变相节食，但在生理、情绪和心理、社交和行为方面出现下面几种情况，导致生活质量下降，甚至严重到影响正常学习和生活，就需要留意了，你可能在变相节食。

生理方面

由于长期缺乏必需的能量和营养素，人会出现营养不良导致的一些亚健康症状，虽然去医院检查各项指标基本暂时没发现异常，但每天身体都不太舒服，生活也不太正常，具体情况如下。

·饥饿：吃不饱是最主要的表现。一直在想什么时候吃饭，对饥饿的忍耐力下降。工作学习会焦躁不安、无法集中注意力，只想着要不要吃点儿什么。对以前明明不感兴趣的甜点、零食、主食越来越渴望，并且怎么吃都吃不够。刚吃完一顿饭不到两个小时就饿了，甚至越吃越饿。暴饮暴食，胃像一个“无底洞”，明明已经吃得很饱了，心里也知道不能再吃下去了，但手还是停不下来地往嘴里塞食物。一旦吃到富含碳水化合物、脂肪的食物，哪怕只是白米饭、白面饼、瓜子、花生，食欲也会像泄洪一样失控。

·吃饭速度：狼吞虎咽，吃得越来越快，几乎不怎么咀嚼，都是在吞咽。只要吃到一口“禁忌”的、自觉不应该吃的食物，就像打开了欲望的闸门，那都不是在吃了，完全是风卷残云。

·饥不择食：无论是什么种类、什么口味的食物，吃起来都特别香，完全不挑食。别人觉得味道寡淡的食物，照样吃得津津有味。

·饭量：一顿饭吃的食物总体积越来越大，变大到以前的 2 ~ 3 倍。

·肠胃消化：吃完饭后，放臭屁的次数变多。摄取的膳食纤维过多时，易饭后腹泻。摄取的膳食纤维太少时，又易便秘。胃部越来越鼓，肚子早上较平，晚上就很鼓。胀气、胃灼热、反酸、一饿就胃疼的情况变多。吃得少时，连续几天都不排便，或大便干燥、呈球状。

·睡眠：饿到睡不着或经常饿醒后就不能入眠。经常做吃大餐的梦，但就连在梦里都告诉自己不能吃，会发胖。起夜次数变多，早上四五点钟就睡不着了，睡眠时间变短，但人好像特别有精力、亢奋。

·月经：血量变少、血色变淡、排卵期出血。月经周期变得不规律，经常推迟 10 天以上甚至闭经。

·疲劳：无论做什么都觉得累，日常活动量减少，甚至有时觉得说话都累。对运动有抵触情绪，觉得以前做起来很轻松的运动，现在做起来感觉身体发沉，用不上劲，核心肌群难以收紧。运动时发虚，做体位有高低变化的运动（如波比跳），站起来时头晕、眼前发黑、眼冒金星。

· 免疫力下降：更容易感冒、发热，运动后身体恢复变慢，运动时受伤次数增加，出现不明原因的皮肤干燥、湿疹、瘙痒、脱皮、紫斑等。

· 其他：心慌、心悸、面容憔悴、衰老、头晕、脱发、面色发黄、畏光、面部皮肤干燥无光且松弛（抹粉底时卡粉现象越来越明显）、记忆力下降、难以集中精力、反应变慢、手脚冰凉、指甲发紫、从骨头里发寒、如厕次数增加、性冷淡、阴道干燥、性交疼痛。严重时，会出现跑跳时漏尿的情况；为了维持正常体温，面部皮肤和手臂皮肤长出胎毛一样的绒毛。

情绪和心理方面

吃东西和情绪的联系越来越明显。吃不到食物时，会暴跳如雷、情绪低落、烦躁不安，只要吃几口食物，心情就会立即恢复。

· 焦虑：到规定吃饭时间就必须开始吃饭。由于一些流行的说法（如某饮食法中对进食时间的硬性规定），只要不能按时吃饭，就会产生焦虑情绪，觉得“减脂大业”被耽误了，人就前功尽弃了，进而引发一系列的灾难性想象。

· 易怒：早上起床时、运动后、吃饭前都是易怒时期，心中的怒火会被别人随便一句话点燃。不能接受别人拿食物开玩笑，如果家人使用筷子夹一下自己碗中的食物，真的会爆发“战争”。

· 偏激：尤其在健身和饮食方面，非黑即白的极端想法逐渐增多，愤世嫉俗，敏感多疑。很难接受不同建议，觉得别人提建议是因为他们不懂你，别人都在和自己作对。

· 冷淡：除了健身和饮食，对别的事情漠不关心，不再爱说笑，幽默感消失。

· 抑郁：在健身和饮食中遇到的阻碍让你觉得生活太难、没有意义，觉得自己受的罪不值得。

·自怜：觉得自己为健身和饮食付出了太多，特别不容易，但全世界没有人懂你和理解你的苦处。

社交和行为方面

·独处：越来越喜欢自己一个人待着。过节或聚餐变成一大难事。

·抗拒外出就餐：越来越抗拒外出就餐，只有定量定时吃自己做的饭菜才安心。旅游或出差时，吃饭变为最大的难题，必须提前准备好自制食物，否则会一直焦虑。

·偷吃东西：有旁人在时，能克制住不吃东西；但自己一个人时，会偷偷吃很多东西，尤其是那些平时不敢吃的东西。

·越来越珍惜食物：碗中的每一粒米都不舍得浪费，一定要吃掉。希望家人吃饭时能剩下一些，这样，自己可以多吃一些。

·逛街：情不自禁地盯着超市的主食窗口咽口水。会忍不住买很多平时不敢吃的、自认为不健康的零食，然后一次性全部吃掉。

以上这些都是长期节食或变相节食的表现，是长期的能量和营养素摄取不足、生理和心理持续承受压力所致。但因为这些表现好像不是什么大事，一般会被定性为性格问题，所以不会特别引人注意。

学会辨别健康减脂餐和变相节食餐

辨别健康减脂餐和变相节食餐，可以从以下 3 个方面去权衡。

第一，看是否用局部代替了整体。

单看一两顿餐饭，意义不大，要把每餐饭放在整体饮食中来审视。应着眼于当前饮食是否符合当前目标下的总体能量和营养素摄取需求、食材搭配是否合理和烹调方式是否益于消化和吸收。哪怕是看起来并不起眼的普通家常饭，如果符合这些标准，也是健康减脂餐。

如果虽然食材健康，但存在下面的情况，也不能说吃的是健康减脂餐。例如，若是全天能量赤字太大、缺乏某种必需营养素、营养素比例不合理、食材种类单一、烹调方式欠妥（如油炸 / 清水煮、大量生食、做出的食物过硬），哪怕顿顿都是粗粮、蔬菜、水果、含优质蛋白的食物，也有可能是变相节食餐。

第二，看长期发展趋势。

看似健康的变相节食餐有一个特点，那就是刚开始吃时瘦得很快，即时的正向反馈会刺激大脑，强化大脑中继续执行这种饮食方法的想法。但很快，人就会遭遇“瓶颈”，越来越难“更上一层楼”，只有通过吃得越来越少、进一步减少能量摄取才能勉强维持当前的减脂成果。很多人为了维持辛苦得来的变瘦的趋势，不自觉地会越吃越少，这会导致能量缺口越来越大，饮食逐渐偏离正常轨道。亚健康就是在这样的长期不正常的饮食基础上积累形成的，没有人从一开始就这样吃，但吃着吃着，就变成这样了。

第三，看消化和吸收情况。

首先如果吃粗粮，虽然整顿饭的能量可能与正常饮食时相差不多，但摄取的总能量是低于消耗的总能量。如果顿顿都吃粗粮，整体计算起来，实际的能量赤字比大家预想的其实还要大。这也是全部吃粗粮后，大家觉得自己没少吃，怎么还总是感觉吃不饱、月经未恢复正常或者暴饮暴食反复发作的可能原因之一。简单来说就是因为人体实际吸收的能量并没想象的那么多。

假如，一个全麦面包和一个白面包所含的能量相同（配料也相同，只含面粉、水、盐、酵母菌，唯一的不同是一个使用全麦粉，一个使用精白面粉）。

但全麦面包比白面包多一些膳食纤维。在食品包装上的能量营养表中，膳食纤维大多是被计算在总碳水含量中，也是按照每克含 4 千卡能量计算的（没有国际统一标准规定，也有些国家可能不把膳食纤维计入总能量）。但是，膳食纤维不会被身体吸收，所以虽然表面上看摄取的能量一样，但实际上，吃全麦面包还是比吃白面包所摄取的能量要少一些。

其次，除膳食纤维外，粗粮比精细粮还多了一些东西，如抗营养物质。我们从字面上就可以理解，抗营养物质会破坏或阻碍营养物质的消化、吸收和利用。休斯曼等（1990）指出，抗营养物质的作用主要是降低饲料中营养物质的利用率、动物的生长速度和动物的健康水平。

如平时大家听说的“某坚果、豆子或谷物有毒性，吃多了不好消化”，其实指的就是这种食物中有抗营养物质。一般而言，植物性食物中都含某些抗营养物质，如植酸、单宁酸、蛋白酶抑制剂、草酸、凝集素等。

从植物自身的角度看，抗营养物质是保护自己的武器。动物吃了植物的种子后，这些抗营养物质就会阻碍动物对种子的消化和吸收，大家经常可以看见动物的粪便中有整粒种子，这样植物就可以保证自身的生存与繁衍。

抗营养物质涉及一系列复杂的生物化学变化。其实，非专业的人根本无须了解那么深，只要了解以下 3 点即可。

第一，抗营养物质会降低蛋白质的消化率和吸收率。

很多健身新手知道要为身体多补充蛋白质，因此会吃很多鸡胸肉，但是由于没有合理规划主食的量和使用不正确的烹制方法，导致蛋白质的吸收被抗营养物质阻碍，使得蛋白质修补肌肉的作用被削弱。这同时还会增加肠胃消化负担。

例如，主要存在于豆类中的蛋白酶抑制剂会降低蛋白质的消化率。主要表现在两个方面，一是抑制消化道内的胰蛋白酶、胃蛋白酶和其他蛋白酶的作用，降低蛋白酶的活性，从而抑制蛋白质的消化和吸收。二是引起体内蛋白质内源性消耗。每餐饭都是五谷杂粮配鸡胸肉其实并没有你想象中的那么健康，因为对粗粮的烹制方式和食用量不当会导致蛋白质的消化率和吸收率的降低。

再例如，植酸可结合蛋白质的碱性残基，抑制胃蛋白酶和胰蛋白酶的活性，导致蛋白质的利用率下降。

第二，抗营养物质会干扰矿物质和维生素的吸收。

植酸、多酚类化合物会影响人体对铁、钙、镁、锌、锰的吸收，导致营养不良。植酸常见于各种植物中，如麦麸、米糠等禾谷籽实的外层中含量尤其高；豆类、棉籽、油菜籽中也含有植酸。植酸的磷酸根可与多种金属离子螯合成相应的不溶性复合物，形成稳定的植酸盐，植酸盐不易被肠道吸收，会影响身体对矿物质的利用（如锌的利用率会降低很多），同时还会降低碳水化合物、脂肪、蛋白质的消化率。

很多粗粮食用不当的女性会有贫血、虚弱、月经不调等症状。虽然她们会吃一些鸡肝、红肉等补血的食物，但由于同时吃太多粗粮，有抗营养物质的影响，她们的身体对铁、锌的吸收率也会降低。

很多减脂的女性甚至不敢吃红肉，她们通过吃某些植物性食物——红枣和红豆来补血，殊不知红枣中铁的含量和吸收率远低于红肉中的，加上红豆中有抗营养物质，所以其补血的作用并没有想象中的那么大，而且吃太多还会导致胀气。

第三，膳食纤维也是一种抗营养物质。

毋庸置疑，大家肯定知道膳食纤维对人体的很多益处。但要注意，凡事没有绝对完美的，在某方面是优点，可能在另一方面是缺点。

大家都知道摄取膳食纤维能减脂的原理。膳食纤维会让食物的消化变慢，使你有肚子胀的感觉，还会延后饥饿感来临的时间，所以，人就能少吃一点儿。其实，本质上还是因为少摄取了一点儿能量、总能量减少了才瘦的。

这是优点，也是缺点。它会延缓食物的消化，以及阻碍营养物质的吸收。摄取膳食纤维过量会造成肠胃功能紊乱，如吃过多粗粮后，会胀气、胃灼热、腹泻等。摄取膳食纤维并非越多越好，吃让你变相节食的减脂餐很容易产生过量摄取膳食纤维问题。

当然，你可能说，“粗粮造成的这点儿能量赤字不算什么”。但如果一个人运动量大、饮食极其严格且长期处于能量赤字中，本身又有肠胃功能差的问题，那么他完全不吃细粮，只吃粗粮，会导致他在吃与细粮等量的粗粮的情况下实际能量和营养物质摄取都不够，经年累月，易发展成营养不良。更不用说，对很多减脂者来说，不吃主食也是常事，那真可谓是雪上加霜。

并不必完全排除粗粮，也不必过度担心和害怕摄取抗营养物质，重点是不要因为减脂而长期只吃粗粮、不吃细粮，进而演变为变相节食。注意下面几点，就可以放心吃粗粮。

- 适用人群，上面提到的抗营养物质也有优点，如抗氧化、延缓血糖上升速度。本身消化不好、体重不超标只想塑形的人，饮食可以不以粗粮为主。

- 注意处理方式，如把豆类和谷物进行加热、浸泡、发芽、发酵等，都有助于降低其中抗营养物质的含量。减脂餐中常见的生食不适合肠胃消化功能弱的人。

- 在烹调方式方面，注意不要吃半生不熟的、发硬的豆类和谷物，一定要将其煮到软烂。减脂者不要因为过分担心血糖上升而故意减少烹调时间，吃半生不熟的食物。

- 不要一次性吃太多。如果目前处于肠胃消化功能较弱的时期，就不要勉强自己吃粗粮。减脂者不要通过吃大量粗粮使自己获得饱腹感。

- 在饮食搭配上，注意主食宜粗细结合、粗粮细作，同时搭配肉蛋奶、维生素 C 食用。如果一餐中粗粮较多，就应注意少吃些不好消化、易胀气的蔬菜，如西蓝花、紫甘蓝、洋葱、圆白菜等。常见的减脂餐是把这些相对难消化的蔬菜不经处理就全部混合在一起做成沙拉，如果主食还是红薯、玉米、南瓜，那么可想而知，胃会多么不舒服。

• 吃完粗粮后，注意观察身体反应，看自己是否有消化不良、皮肤问题、脸色变差、食欲变大、体力下降等症状。对于粗粮，我们可以取其优点为健康减脂服务，但不能对由于食用方法不恰当而出现的营养不良放任不理。如何在其负面影响和健康功效之间取得平衡是关键。

在本节的最后，我想跟大家说，我走过很多弯路，最后发现很多所谓的减脂餐，尤其是号称能快速见效的减脂餐，其本质不过是通过阻碍营养物质吸收以达到让人快速变瘦的目的。大家在接触一个新饮食法时，尤其要警惕一点儿，时刻提醒自己看清该饮食法的本质：它是否阻碍营养物质吸收或完全排除了某种营养素。种花种菜，如果不浇水，不施肥料，花苗或菜苗当然会长得“瘦瘦弱弱”的。人也一样，靠阻碍营养物质吸收、耗尽体内营养物质而变瘦，根本不是健康瘦，而是物资短缺时期的那种营养不良瘦——面黄肌瘦，骨瘦如柴。如果不及时修正，那么，等到身体再也承受不住的时候，就会出现明显症状，甚至引发各种疾病。

有人可能问：“我明明好好吃饭了，为什么还不瘦，还会饿？”原因是多方面的，其中之一可能是你认为的理想饮食只是变相节食。请继续耐心地阅读后面的章节。

第3章

有没有不节食、健康瘦的可能？

在几年的减脂蜜月期中，我一度以为那些所谓的减脂捷径就是瘦身的秘诀，甚至以为这辈子不吃粮食都没问题。于是，在 2015 年夏天，我进入了减脂的第 4 个时期：混乱期。

当时的情况是我已经很瘦了，确切地说是瘦到憔悴了。但减脂这事儿越减越“上瘾”，总想着能不能更精瘦一些。这其实是自我认知已经出现偏差、自己出现认知障碍的表现：无论客观上我有多瘦，但主观上我就是认定自己的身材还是胖，腿还是太粗。

虽然在这之前，我的身体陆续出现了一些由减脂的副作用引发的症状，但毕竟不是什么急性病，不影响正常生活，加之我没有这方面的经验，没有意识到这些症状和节食有着密切的关联，所以并没有引起我的重视，我还是继续在弯路上走。

从小肠胃就很好的我开始出现一系列消化不良的症状，例如，经常饭后胀气、嗳气、持续放臭屁、一到晚上肚子就鼓，腹部比胸部还要突出。饭量也逐渐增加，症状也越来越严重。在减脂人群中有一种不良风气，那就是暗中比较谁既吃得多又不发胖，我也不例外。

减脂餐通常是拌沙拉等低能量、体积大的食物，所以吃体积大的食物，就可以变相地认为是饭量大。我的餐具从开始的小碗变成了海碗，最后干脆抱着盆吃饭了。（图 3–1 来自 2015 年混乱期，当时我自以为这些是很健康的“减脂餐”。注意，请勿模仿。）

那个时期，我几乎每时每刻脑子里都在想吃东西这件事，这顿饭还没吃完，就盼着下顿饭，经常做去饭馆吃一桌子菜肴的梦。吃得又快又急，简直是狼吞虎咽，风卷残云一般。从不挑食，吃什么都吃不够，一旦吃起来，就无法停下筷子，一定要把桌上所有食物统统“消灭”。

我的脾气也逐渐发生了变化，性格越来越怪异、易暴躁。运动和饮食的这两根弦儿时刻紧绷着，运动时绝对不能有人打扰我，哪怕只是跟我说两句话，

图 3-1　2015 年我自认为很健康的“减脂餐”

我也会觉得这令我分心了，会特别生气。如果没能按时吃上饭，哪怕只迟了5分钟，心里就会产生烦躁感，且无法忍受，会特别急躁，这样的表现在运动后的那餐之前尤为明显。

然而，以上这些情况不仅没被我重视，相反，当时的我还觉得自己吃得特别健康，别人都不理解我。

直到夏天，我的身体质量指数（BMI）低于正常值，长期的能量摄取和消耗不平衡致使我营养不良而闭经，这时我才意识到问题的严重性。我当即就去了医院，各项检查结果都显示正常，没有器质性病变，只是轻微贫血，医生也不能明确原因，只说可能是因为内分泌紊乱，让我先回家休养一段时间。

后来，我才知道这其实属于下丘脑性闭经，长期节食的女性，包括女运动员、女模特都是易发人群。那时的我在追求美的道路上偏离了正确的方向，吃的食物过于干净，几乎不外出就餐，多年不吃市售零食、加工食品；使用的调味料不含一点儿糖；运动量也越来越大。几乎没有吃过主食、饮食结构单一，导致肠胃不好，简单来说，就是营养不良导致了身体功能紊乱。

一说到闭经就可以联想到第一章中讲到的体重调节系统中的身体承受力。当体重降低到警戒线以下时，身体承受力开始发挥调节体重循环回路的作用，迫使你不得不使体重恢复到正常范围内，以保证月经正常。这样，整个体重调节系统才能一直围绕体重平均值上下波动，保证整个系统正常运转下去，保证体重维持在正常范围内，才不至于出现危及生命健康的情况。

这次惨痛的教训让我重新审视自己的饮食情况，恢复碳水化合物、脂肪的摄取，注意准备的饭菜要软烂、易于吸收，减少有氧运动的时间。所幸更改及时，两个月后，我的月经就恢复了正常。通过这段经历，我知道了自己身体的底线在哪里，例如体重和体脂率的底线，情绪状态的底线，并且获得了大量经验，更让我知道了在出现某些情况时对我而言意味着什么，深刻认识到以后无论怎么样试验，都不能逾越这些底线。

很多话无论听多少遍但仍会是“耳旁风”（可能本书对从来没因减脂吃过亏的人而言也是“耳旁风”），例如“健康比身材好更重要”，有时候只有在搞砸后才能明白这些话的含义。没彻底搞砸、只出现报警信号不足以让体重正在快速下降的人放弃他所选择的方法。

但令我没想到的是，另一个更慢性、更折磨人的减脂后遗症才刚开始。“罗马不是一天建成的。”身体恢复的过程和减脂一样，不是一夜之间发生的，更不是一蹴而就的，俗话说一口吃不成个胖子，身体恢复需要长期处于能量盈余的状态中。长期节食后，被压制的食欲就像“潘多拉魔盒”，一旦打开就难以控制，也就是说长期节食后，你只要尝一口减脂时严格限制的食物就会“沦陷”。长期压抑的欲望就像弹簧，压制得越厉害，反弹得就越严重。

这时候，正常人都会惊慌失措。其实，换个角度看这件事会好一些，食欲的暴发，其实是人的身体在自我拯救，人的“意志”不可能与体内的激素相抗衡。如果意志真对抗得了体内的激素运转，人变得毫无食欲，什么也吃不下，身体快速变得消瘦，那才是真的有病了。这个时候，身体系统已经崩溃，需要立即就医。

一般而言，节食导致月经不调后，在很长的一段时间内人的食欲会失控。

生理上的不适有以下方面。

· 对饥饱的感知力下降，不知道什么是饱、什么是饿，只想不停地吃东西。胃就像“无底洞”，有多少食物都吃得下。饮食紊乱加上几乎每顿饭都吃撑的状态，导致肠胃消化功能紊乱，腹胀、胃灼热、反酸、胃疼、嗳气、放臭屁、虚弱是常态。习惯性吃撑也可能导致呼吸功能紊乱，核心肌群松弛。

· 经常水肿，长期节食导致肌肉流失，营养不良，电解质紊乱。

· 怕冷、手脚冰凉、体形松垮、脱发、指甲易断、贫血、抵抗力低、饿得快、吃多一些后皮肤有针刺感等症状。

除了生理上的不适，精神上受到的折磨才是最难受的。处于恢复期的人经常出现浮肿，身体和精神方面的状态都处于低谷中，有的人则想直接放弃。但冷静下来后，更多的是反思在以前减脂的过程中哪些行为是值得继续坚持的，自己是在什么时候走向了弯路。冷静和理智让我觉得世界上肯定有健康瘦的方法，我要做的就是找到它。虽然有些许波折，但是还好，我没彻底放弃。加上前几年打下的基础，以及对力量训练和健康饮食的坚持，所以并没有反弹回减脂最初时的模样。

其实，减脂后遗症的症状并没有那么严重，但它确实会影响日常生活质量。目前，相关专业的医院还不够多，除了专门治疗进食障碍的医院，其他普通科室的医生对这种不是急症的“病”没什么有效的治疗办法，只能让病人回家观察、调养。

走过这些减脂的弯路后，我深刻地认识到，可以追求美，但不应该以损害健康为代价，正确的审美观对追求美的减脂者是非常重要的。后来，经过几年时间的自学和实践，我考取了美国国家运动医学会认证的营养学、女性减脂、行为改变和减重方面的资格证。我的整个减脂过程经历了起起伏伏，减脂后遗症最终痊愈。食欲失控有所好转，没发展为进食障碍。与此同时，饮食、心理、作息、运动都回归到较平稳的状态，体重和体脂率保持在正常范围之内，因身体恢复而导致的短期浮肿也消失不见了。我的身体状态比几年前自以为是减脂蜜月期的状态还要好，不但没有因为完全放弃健康饮食和运动而体重反弹，而且还在对受伤经历的审视和思考中更熟悉自己身体的规律，从而更加容易调整身体状态。

我的微博上对我的恢复经历有些许零散的记录，在这里就不占篇幅叙述了，我主要分享在调整身体状态后对于减脂的一些系统性思考。本书一直在讲健康瘦，那么，让我们看看到底什么是健康，健康瘦的瘦到底是什么样的。

3.1 什么是健康?

我们说要“健康瘦”，就要先弄清什么是真正的健康。如果不理解它真正的含义，仅仅下意识地认为“健康就是没有疾病、不需要去医院”，把身体状态狭隘理解为“健康”或者“不健康”两个对立点，就会忽略健康其实是一个连续的、流动的状态，很容易进入越想减脂成功而生活越不幸福、越身心俱疲的不健康状态，但因为没有表现出严重症状和体征，所以，人们并不会意识到自己的减脂行为已经朝着不健康的方向发展了。

早在 1946 年，世界卫生组织（WHO）在章程序言中就阐述了健康的定义：**“健康是一种在身体、心理和社会上的完满状态，而不仅仅是没有疾病和虚弱的状态。”**至今，健康的定义还没被修订过。该定义最大的特点是提出健康不仅指不生病，还包含其他多个方面，大家需要用整体视角看待身体状态。

健康的最基本要求是身体发育良好，脏器无疾病，人体各系统生理功能正常，人能独立完成日常活动和劳动。

长期节食会导致体力和精力下降，影响日常学习和工作，消化、生殖等系统会出现不适。处在青春期的孩子如果节食，还会影响身体生长和发育，如骨骼发育不良。

除此之外，一个健康的人有较强的抵御疾病的能力，对环境变化的适应性强。

长期节食加过量运动，会导致身体持续处于能量摄取不足和慢性压力过大的状态中，导致免疫力降低和记忆力下降，比减脂前更容易生病或受伤后恢复更慢，工作、学习时难以集中精力并且健忘。

对饮食和运动过于执拗会导致对环境适应力降低。平时对于饮食的看法刻板僵硬、选择食材单一挑剔、挑选的食材过于干净（此处的干净不是肮脏的反义词，而是“干净饮食 eat clean”中的干净），导致适应社会的能力减弱，一旦外出就餐就会出现各种生理上的不适感，如皮肤疼、水肿、消化不良、腹泻等。有些人还会出现心理上的不适，如精神洁癖，觉得吃了不干净的食物会污染身体，产生挫败感等。

所以说，习惯节食的人或长期能量摄取不足的人，就连最基本的健康要求都不能满足，又如何做到生机盎然、生气勃勃的健康美呢，有的只会是提前衰老。

减脂的最终目标是提高生活幸福感

很多人误把减脂当成了减脂的目的，其实，减脂是提升生活质量的一种手段，就像把读书当成读书的目的，那结果只能是为了“打卡”读几本书而已。如果减脂的目标仅仅是瘦多少千克、穿得下小码裤，那最终的结果大概率是不了了之，或者走弯路，对健康造成负面影响。

每个减脂者背后都藏着一个很可能连本人也未曾意识到的深层需求。“穿小码衣服好看”“瘦到 50 千克以下”等都是表面需求，当内心存在未被满足的深层需求时，即使表面需求被满足，也很难有充实的幸福感。即使瘦了，也仍会时常感到纠结和空虚，仍然看自己哪儿都不满意，心总是飘着，空荡荡的，不踏实。

例如，你问一个人，为什么要减脂？多半得到的回答是为了变瘦、变好看，甚至觉得变瘦就代表人生成功。继续追问“为什么要变瘦、变好看”，回答一般是“为了穿衣服好看”“为了让别人夸自己瘦”“为了找男 / 女朋友”“为了得到某份工作”。

再继续追问下去为什么会有这些愿望，得到的回答基本是为了获得他人和社会的认同和接纳，或瘦会给人带来心理上的优越感。显然，通过层层发问，就会发现想瘦的人内心最深处的需求可能是拥有良好的人际关系，融入周围环境，不再有格格不入的感觉；或者是有更好的职业发展；或者是获得心理上的满足。

反过来看，只要变瘦就真的能得到健康的人际关系 / 良好的职业发展 / 心理满足吗?

显然不是。

这也是如果只专注于体重下降的数字，即便瘦到目标体重，心中仍然无法获得充实和完满的感觉的原因。

因为在整个减脂过程中，健康的真正意义被人为地缩小到体重这一个点。然而，期望通过降低体重这一个点（甚至不是最关键的点）获得健康生活状态，这显然是不可能的。

这也是很多减脂者的核心问题所在，采用错误的方法追求错误的目标。

从另一个角度看，也可以说是错误的归因。由于某种信息或环境的误导，认为生活中的不足、不满意之处是由自己不够瘦造成的。所以才会有“瘦就是一切，瘦了以后的生活就会比目前的更美好”的观念，进而把变瘦当成生活的重心，不惜一切代价速瘦。

如果你是这种情况，那你不仅需要减脂，还需要建立健康生活状态。

在减脂的同时修补生活中其他方面的缺陷，才能通过减脂获得充实的幸福感，而不是变成自虐，最后演变成“强迫症式”的运动和机械性进食。确切地说，减脂更像是一个修补你的生活的便利工具，让生活变得幸福的过程更容易一些。

完整的健康生活状态

美国卫生研究院（NIH）提出的“健康的6个维度”模型分别从6个维度诠释了健康，如图3–2所示。

无论你今后采取什么方法减脂，都可以将这6个维度作为参考和检查工具，看看你的行为是否会对这6个方面产生积极作用。

如果答案是肯定的，那么大方向就是正确的，因为减脂行为的终极目标是提高生活质量、健康程度和提升幸福感。

如果答案是否定的，减脂对各个方面产生了负面作用，导致你越来越痛苦并处于挣扎状态之中，那就说明要调整大方向了。

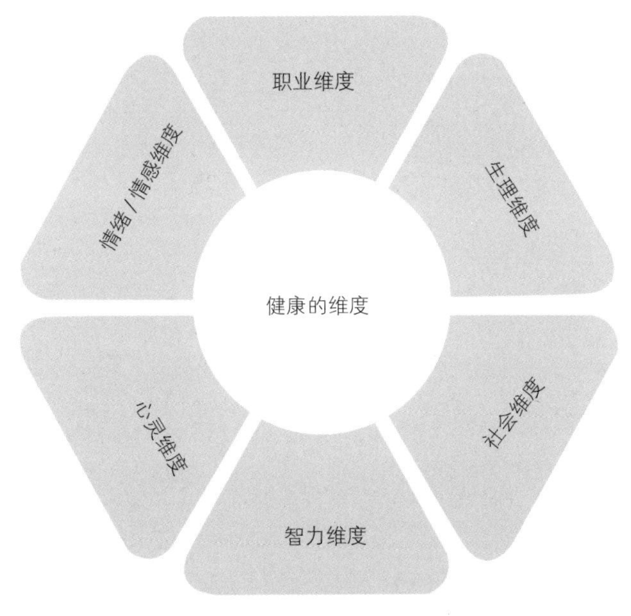

图3–2 健康的6个维度

生理维度

· 尊重身体发展的自然规律，对自己身体的健康负责。例如，尊重体现在不采取激进的、违背身体规律的速瘦方法；负责体现在不盲目跟风服用有风险的减肥药、违背健康的审美标准等。

· 在各年龄段维持身体功能正常，体重、体脂率在正常范围。减脂不能是 20 多岁一阵风，弄垮了身体，40 岁以后落了一身病，而是需要培养一种适合自己的、有益健康的生活方式。

· 了解营养学常识，不滥用药物、不吸烟、不过量饮酒、不暴饮暴食。

· 能观察到、读懂身体发出的报警信号，能体会到良好的营养补充和身体反应之间的联系。例如，读懂节食后身体出现的各种不适反应，不再跟身体较劲，可以感觉到在营养素摄取情况得以改善后的精力和体力的提升。

· 知道常见的头疼、脑热等轻症的处理方法，知道在什么时候需要去医院寻求医生帮助。例如，因为节食导致闭经时，就需要去医院检查而不应通过互联网求医。了解饮食失调的症状，知道此病症属于精神科范畴，有症状就需要及时就医。例如，体内有胆结石或患有脂肪肝等疾病时，进行减脂饮食需要听从医生的建议，而不是通过互联网求医或者盲目节食。

· 有能力独立完成日常任务，并且具备一定的体能。能够平衡体力劳动、运动健身、放松休息、营养补充、精神健康等各个方面。例如，不能因为节食而把自己搞得浑身无力，连走楼梯的力气都没有，蹲下后再站起来就头晕眼花。又例如，健身人士能做到劳逸结合，明白休息也是整个健身过程中不可或缺的一部分，学会休息，避免过度锻炼导致身体慢性疲劳和发生炎症。

情绪 / 情感维度

· 能正确识别和自由表达情绪，有管控情绪的能力。同时能接纳自己和别人的多种不同情绪，而不是急于否定某种情绪。在大多数时间里能保持内心平静、轻松，具有较强大的内心力量。节食者之所以会“一时心血来潮”，采取各种激进的节食手段，常见原因之一是被焦虑、羞耻、恐惧、愤怒等情绪或虚荣心驱使。尤其是高度自律的人，会在这种驱动力的作用下走向深渊。

·明白积极情绪和消极情绪都会影响我们对周围环境的适应性。尽量让饮食习惯不因情绪变化而产生巨大变化，这样有利于自己和食物建立良性关系。

·有接受和包容他人不足的能力，对自身局限性有客观、理性的认识。这样可以避免对饮食和健身设定过高或不切实际的目标，更能心态平和地接受现实中不如意的情况，明白失败可能是做所有事时都不可缺少的重要部分。

·做事时积极、愉快、专注，具有成长心态，能从错误中吸取教训。如果你所做的事情不能让你体会到这些感觉，就要评估是否还有进行下去的必要或进行一些调整。遵从原则的前提下在饮食和运动这两个方面多试错，才能得到第一手的经验。

·明白生活不会一帆风顺，也无法永远预见和掌控，总会有起伏，既有高潮又有低谷。能够接受风险、挑战和冲突，有自我激励的能力，虽然生活总有各种不如意，但可以在不如意中寻求快乐，能将生活视为总体上充满乐趣和希望的人生旅程。运动锻炼和吃得健康不是苦修，不是自虐，而是充满着乐趣去探索未知世界，从而获得成长经验的一段人生经历。

·在有能力独立工作和学习的同时，明白与他人协作的重要性，在适当的时候主动寻求他人的帮助。如在学习减脂餐的相关知识时，不做“伸手党”，不实行“本本主义”，有查找资料和深入探索的能力，但也不是只完全沉迷于研究中。

社会维度

·指与他人建立和维系关系的能力。能对所处的生活环境和社区有所贡献，学习如何建立健康、互助、能滋养身心的关系，这是提高社会健康的途径。通过健康社交的过程，能意识到自己对他人或生活环境的改变有积极作用。这有利于提高自信和自身价值感，增加安全感，使人充满生机和活力。把爱传递出去，鼓励身边的人更健康地生活。例如，同样爱好健身 / 厨艺的人组成社交媒体社区，分享有用的信息和经验，在帮助别人的同时帮助自己。

· 社交健康有助于促进情绪健康，相反，社交孤立易增加负面情绪。尤其当生活中面临压力和调整时，健康的社交支持有助于渡过难关，用积极的视角看待所面临的困难。长期节食的人通常固执己见，易“钻牛角尖”，如完全拒绝外出就餐，非自己准备的食物不吃等，那么，社交就餐就会对他造成莫大的压力。此时，越把自己封闭在自己的“小世界”里，情绪和性格就越易趋向偏激，容易时刻处于精神紧张的状态下。综上所述，适当的高质量社交，对减脂者来说是必不可少的。

· 能够尊重和包容不同观点、信念，明白与人和环境和谐相处相比于对立冲突对身心健康更加有利。长期节食、“钻牛角尖”的人的常见特点之一，就是对身材的理解较为片面或单一，这个特点可能也是“钻牛角尖”行为的诱因之一。当自己吃健康餐、做运动时，就以为身边的人不健康了，以为他们应该向自己学习。更有甚者常对身边的人说教，所以经常会出现有人在健身后出现家庭矛盾、人际关系紧张的情况。

职业维度

· 职业健康指从事与自己价值观、信念、兴趣相符的工作。对工作满意，认为自己所从事的工作是有意义的，并能从中获得成就感和实现自我价值，使生活更加丰富多彩。

· 相对其他维度，职业维度和减脂的关联没有那么密切，在这里只简单提一点，我见过很多人因为节食而耽误工作，长期营养不良导致最终不得不辞职在家休养。健康减脂不应该影响正常工作，而应该使人营养充足、体力增加、睡眠质量提高，能让人更好地工作，给人的工作和学习提供良好的“硬件支持”。

智力维度

· 智力健康指能够终身学习。具有创意性和精神启发性的学习和活动能够贯穿一生，使人保持好奇和开放的心态，对待知识有谦卑敬畏之心。营养和健身方面的知识更新速度快，新理论、新方法层出不穷。因此，减脂者应该具备更新知识的意识和能力，具备检索和判别相关知识的能力，并且保持对知识的渴求，而不是“盲目跟风”和被广告“洗脑”。

· 通过学习活动，可以拓展对自己和身边人有帮助的知识、技能。通过学习获得的营养和健身知识，不仅对自己有所帮助，也能使家人、朋友从中受益，熟悉和掌握吃得更好、减少运动疼痛，以及提高生活质量的具体方法。

· 智力健康有助于提高自我满足感、自尊感，促进情绪和职业健康，有助于平衡工作和生活。当健康其他维度发展遭遇“瓶颈”时，就是相关知识和技能需要更新的时候，换言之，智力健康是让其他维度持续迸发活力的基础。

· 智力健康与否决定了减脂时能否宽容失败，能否用成长和发展的思维看待犯错，是否善于从错误中总结经验、吸取教训。具有弹性的生活方式一定是具有容错率的，饮食习惯也是如此。自学能力是健康减脂所需的重要能力之一。俗话说“健身先健脑”，这是有一定道理的。

· 发展智力健康可以防止思维固化，帮助拓展眼界和视野，可以使人不以当下流行的某种身材为标准，有自我判断和思考能力，不盲目追求明星、模特的身材。一切喜怒哀乐只维系于身材是非常危险的：状态好时神采飞扬，洋洋自得；状态不好时烦闷至极，自暴自弃，否定自己的一切付出和努力。伴随着眼界的拓展，兴趣爱好的增加，人会意识到减脂不是生活中的唯一重心。这时，人才会有更稳健的心态，可以避免短视行为和偏执行为。这也是进行长期可持续健康饮食的保障。

心灵维度

·与健康减脂有强关联，是6个维度中的核心和“地基”，心灵维度的健康有助于提升其他所有维度的健康。

·说到提升心灵健康，很多人会单纯将其理解为宗教信仰，其实心灵健康包括但不限于宗教信仰，任何能加深自己与自身以外的事物或世界的联系、归属感、平静感的信仰、力量、原则、价值观、道德观念都属于心灵范围的健康。

·心灵健康指能够在生活中找到意义和目标。总有人在健身开始时热血澎湃、兴奋不已，但健身一段时间后，突然感到迷茫，不知道健身是为了什么，或者在严格执行健康饮食一段时间后，忽然有一天不明白自己这样做到底是为了什么。这两种情况都属于意义感缺失，失去了继续前进的动力和目标。其实，从客观上讲，生活中的一切事物的意义都是人为赋予的，具有主观色彩，就像太阳升起所代表的“新生、活力、力量”的意义是人为赋予的。当一个人为了做而做时，刻意寻求做某事所具有的意义时，只能说明他并不享受做这件事的过程，因而需要找一个坚持做这件事的理由，即意义。例如，孩子看喜欢的动画片入神时，从来没想过这件事对自己具有什么意义，对他来说，只是单纯地爱看而已。孩子绝不会抱着“我看动画片是为了某个意义”的想法去看，倘若真的刻意怀着目的，那就没有乐趣可言了。只有当你发自内心地享受健康饮食、运动健身，不再因为别人告诉你这么做有什么意义而做时，才能做到愿意付出努力，同时践行自己对身体保证其健康的承诺，而不是如完成任务一样把健康饮食、运动健身当作负担。

·心灵健康决定了人看待自己、他人、世界的方式，在并不平坦的一生中，心智世界在不断地与现实世界拟合。我们要有化冲突为和谐的能力，即最终与食物和解、与自己和解、与世界和解，避免因减脂而与自己过分较劲，导致身体与食物的关系失衡，走上饮食失调的道路。

· 人在成长过程中，会对生命和自然的力量有更深入、更广泛的理解。局限在以自我为中心的世界中，虽然看似利益最大化，但其实会让人更加痛苦，聪明反被聪明误。例如，自以为找到了变瘦的“捷径”，其实不过是变相节食，减掉的体重迟早还是要涨回去的。只关注自己没得到什么，总是以受害者身份抱怨没得到什么——为什么我腿粗、为什么我不是天生拥有大长腿、凭什么只有我瘦不下去……在怨天尤人时，就已经丧失了稳定的情绪，看待他人和世界的方式就会逐渐扭曲。再例如，无论是饮食还是健身，不可能每天有肉眼可见的进步。这时，如果因挫败感而不停抱怨生活，那就更无法注意到自己的进步，只会关注没做好的部分，也无法把精力真正放在修正错误和调整上，甚至变得急功近利，为得到短期利益而走上有损长远健康的“捷径”。

· 既能改变以自我为中心的视角，与他人、世界产生联结，找到归属感，又能保持独立性，对自己的认知、评价不受他人对你的态度和关注的影响。例如，既不因为自己与他人饮食习惯不同就封闭自己、与世隔绝，又能通过适度的社交，体会到自己对身边人的积极影响。在接纳包容不同观点的同时保持独立性，不轻易受环境影响而否定自己真实的需要和感受。

· 如果真的希望健康减脂，你会在这条路上体验到各种积极情绪，如开心、兴奋、愉悦等，也会和各种消极情绪，如焦虑、烦躁、恐惧、失望等打交道。你要做的是正视每种情绪，理解无论是积极情绪还是消极情绪，都是整个减脂过程中重要的组成部分。心灵健康时，情绪基本能保持稳定，不会大起大落，人不会在各种极端情绪中穿梭挣扎。

· 当行为与自己秉持的信念、价值观一致，言行合一时，就能充分体会到自己在精神上变得更健康了。例如，知道节食对身体不好，或已经出现减脂后遗症的症状，但是具体的行为表现仍是长期节食；虽然嘴上说着不能再吃了，但手就是停不下来。当人的行为和信念不一致时，精神会一直处于高度矛盾、分裂的状态，好像身体内有两个自己在“拔河”，从而造成巨大的精神内耗，使自己处在压力和疲惫中，无法真正地把精力放在重要的地方，减脂效果自然不会太好。

· 每天能遵循自己的价值观，并非每天虽然在做看似正确的事但总是陷入纠结。很多人之所以容易追随新的减脂潮流，是因为在对身材的认知上处于“空壳状态”。即没有形成稳定、正确的价值观，不知道什么是对、什么是错，相信明星代言、媒体言论，每天都按照别人宣传的话语“照本宣科”地生活。甚至当因节食出现健康问题时，一直怀疑是不是自己哪里做得不够好，从来没思考过自己所接受的减脂信息是否正确或有价值，没有深入思考过某种饮食法是不是真正地适合自己。当你对自我有了清晰的认知、行为与真实的自我和谐一致时，你的行动就会变得平稳而有力，看问题就会更透彻，做事情更果断，目标也更易达成。

大家需要另外注意以下几点。

· 第一，6个维度不是各自独立存在的，而是互相影响、互有联系的。一般来说，每个维度健康度的提高对其他维度有益，反之亦然。平时要注意保持每个维度均衡发展，切勿出现极端情况。

· 第二，一个人的健康状态由6个维度共同构成。各个维度中的状态不应只是两种相互对立的状态，而是连续、流动的状态。具体到每个维度，例如生理维度，不是只有“生理健康”或“生理不健康”这两种对立状态。大家需要转变思维，把“健康”到“不健康”中间的距离看作一个区间。不同的人在该区间内可能位于不同的位置，而不是绝对的健康或不健康。这样看待健康，就可以包容更多的可能性，避免过度焦虑和偏执。

· 第三，本节讲的健康的“完满状态”和6个维度的健康，既然是

“完满”的状态，说明不是一蹴而就的，而应当将其看作一生努力的方向，不必追求完美。每个人的成长过程、接受的教育程度、经历等都不一样，最终能否做到和多久能做到都有差异，不要苛求自己立即达到“完满”的状态，只要是在努力接近的这个状态的过程中就好。哪怕在这个过程中停滞不前或者有退步，也没关系，只要大方向是好的、正确的就行。

·第四，6 个维度主要从偏静态的平面角度来解释健康，除此之外，健康还有动态上的含义，即面对生理变化和外界环境变化时，有较强的适应和调节能力。具体内容可以参见第 1 章有关动态平衡的论述。

·第五，建议把本节的内容可以看作参考方向、自我检测的衡量方法。无论以后用什么方法减脂、运动，都可以用这些内容来评估自己的行为是否有利于整体的身心健康，能否达到提高生活质量和提升幸福感的目的。

3.2 健康瘦的瘦是什么样的?

大家平时说的“瘦”可能在各自心里有着不同的含义，带有比较强烈的主观色彩，因此，有可能我们讨论了半天，结果发现各自探讨的只是自己脑海里的那个“瘦”，与其他人所说的瘦完全不是一回事。

所以，为了保证我和大家沟通顺畅，首要的任务是从内外两个方面界定健康瘦中“瘦”的确切含义。

外在因素：减脂效果与审美观息息相关

也许你还没意识到，你今天的审美观在某种程度上决定着或者潜移默化地影响着你日后的减脂效果。伴随着健身时间的增加、运动能力的提高，以及走过的弯路越来越多，你会逐渐认识到，人对身材的审美观念不是一成不变的，它会随着你的成长、成熟而不断变化。从单一化审美慢慢变得多元化审美。以前不为自己所接受的运动型身材，现在却从内心接纳它并且欣赏它。审美会影响运动能力的发展程度，而运动能力是影响减脂能力的重要因素之一。是的，减脂不是想减就能减的，也有能力高与低的区别。同时，运动能力会反过来影响审美观。运动能力较低时，更喜欢纤细甚至骨感的身材；当运动能力和运动技能有所提高后，会对身材有更加深入的理解，逐渐接纳和懂得欣赏运动型的饱满身材。对于身材的审美也有“门槛”，对健康的认识越深刻，就越能欣赏健康美的身材。

需要说明的一点是，审美极具主观性，每个人都有自己喜好的模样，没有绝对的对与错。不是说喜欢骨感美绝对不好，甚至你目前就是喜欢下文描述的病态美（如翼状肩胛）也没关系，只是不要伤害自己的身体。这里所讨论的是不同的审美对健身和健康会造成什么影响，而非评判审美观的优劣。我以自己为例，只是想说明，审美影响着减脂的最终成果。可以料想，只喜欢明星、模特的那种纯瘦的骨感美的人大概率选择采取饿着减脂，即节食的方法。一段时间后，必然基础代谢率降低，食欲增加，体重反弹。同时，运动能力的提高会反过来影响审美，伴随着运动能力的提高，欣赏自然健康美的能力会随之提高，审美不再那么单调，能从内心接纳和欣赏很多运动型的身材，会认为它们是与骨感美不同的美。

当然，这些改变不是一蹴而就的，是一个需要经过多年实践验证的、摸索前行的过程。在这个过程中，有人可能走到半途就放弃了，而那些不放弃、坚持下来、最终“修成正果”的人的秘诀就是热爱和不停地反思、学习，以及提升审美能力。那又是什么决定了审美的能力呢?

影响审美能力的要素

处于前 4 个阶段时，我没深入考虑过关于审美的问题，几乎一直在被动接收各种关于身材的观念、风潮，以为那就是我所喜欢的美，我应追求的美。因为想要瘦而自我伤害，在挣扎、思考、否定、接受的过程中，我的自我意识才开始真正浮现，对于身材和审美有了很多新颖的想法。影响审美能力的因素有以下 3 个方面。

知识

知识的增加拓展了我的眼界，扩宽了我的视野，我原来认为不正常的，如今稀松平常。大脑处理的信息更多了，同时反馈到意识层面的信息变多了，所以能看见很多原本就摆在眼前却“视而不见”的东西。

健身的大众参与度高，因为健身的门槛相对较低，跑步就能健身。实际上，它是参与容易做好难。不过，从另外一个角度来说，健身入门也难，系统的知识涉及范围广，涉及多个专业，理论学习过程枯燥，还需要忍着浑身酸痛、“卖力撸铁”。但是，一旦入门，健身就会变得容易。

以摄影为例，简单来说，只要会按快门就能照相，但摄影老师常说摄影初学者捕捉不到精彩瞬间，无论多么好的光影条件，他们都可能视而不见。在经过系统的学习和训练后，摄影者开始享受捕捉到光影变化带来的乐趣，体验线条组合和大自然配色的魔力。而没有学习过摄影的人，可能连如何拍摄清晰的照片都不懂，更不用说更复杂的技术了。

健身前的人，对于街上的行人，最多看出他们的高矮胖瘦、他们腿的长短，基本上只能将他们的身材粗略地归结为瘦或不瘦。学习了运动解剖学的基础知识后，再逛街，就能观察到街上行人的体态问题——走路长短腿、骨盆位置偏移、不会用臀部主导发力、身体左右明显不对称、不胖但小腹凸出等。

这时，你会发现，以前喜欢的骨感模特很多都有翼状肩胛（也叫“蝴蝶背”如图 3–3 所示），才意识到原来这不是性感，而是一种体态问题。虽然瘦，但会造成含胸、驼背、颈椎疼、肩胛骨附近肌肉疼痛、影响呼吸功能等危害。另外还有肋骨外翻、骨盆前倾等问题。但是因为看起来很瘦，所以对多数以骨感为美的人而言，这种体态挺美的。

营养学、生理学的相关知识告诉我们，正常范围的体重和体脂率是健康的保证。健康瘦的瘦首先要求体重和体脂率在正常范围内。如果身高为 1.65 米的女生想瘦到 45 千克，这样的瘦根本不是健康瘦，不节食是无法将体重降到那么低的。你掌握了这些知识后，再看到体重低于正常水平的骨感模特，你的眼睛将不再只停留在其外表上，而能看到以前看不到的问题，如过瘦的人常伴有内脏功能弱、失眠、胃痛、月经不调、情绪不稳定等症状。

人在年轻的时候，很容易被“金玉其外，败絮其中”的东西所吸引。掌握了相关欣赏健康美的技能，会逐渐对原来喜欢的病态美失去兴趣。

明白“颓废瘦”“病态瘦”“文艺瘦”是时尚流行文化对不健康体形的美

图 3-3　翼状肩胛

化和包装，不要以健康为代价去追求这些病态美。这样，才能建立正确的审美观。

当然，你也会明白，你和健身模特的差距不在于是否饿肚子，也不在于是否增加有氧运动时间，而是整个身体系统的差距。这种差距不是通过“打了鸡血”似的打卡 100 天就能弥补的，必须系统地、脚踏实地学习和练习，才能获得真正的健康瘦。

经历

一个人的经历也会影响审美能力。一般来说，年轻、生活无忧、家庭条件优渥、家中无病人且自己没患过严重疾病的人较喜欢纤瘦的身材、追求骨感美。

青春期的孩子通常低自尊感强烈，并且较为敏感，非常看重周围人对自己的评价，这个评价会直接影响自己对自身的认知和喜爱程度，会导致自己刻意靠拢当时流行的形象，以寻求归属感和认同感，因而容易为了骨感美而盲目节食。

一方面，在某种程度上，身材也是社会地位的象征。例如，在旧社会，白白胖胖是家中富有的标志。所以，在经济发展略滞后的国家或地区，尤其当人们还在每天为解决温饱问题而挣扎时，几乎看不到有人节食，相反，胖一些会被人们羡慕。

在经济较发达的国家和地区，能保持纤细的身材，选择健康饮食和坚持健身也是一种“隐形的社交货币”，是上层社会和高级生活方式的象征，能体现优越感。所以，在某种程度上，进食障碍可以说是一种“富贵病”，一般而言，经济越发达，病例就越多。

另一方面，家中无长期患病的人、自己也没患过严重疾病，身在蜜罐中不知道甜的滋味，体会不到每天能够健康、无痛苦地生活已经是多么幸福的人，容易在明明食物充足的情况下故意挨饿，对病态美抱有幻想。

很多女生经历错误减脂带来的停经、暴饮暴食或更严重的疾病后，会突然醒悟，重建对身材的审美观。因为自身的经历早已证明自己追求的美并没有想象中的美好，有的只是身心的疲惫和痛苦。从这点来说，走弯路不可怕，可怕的是在弯路上一直走下去。

视角

视角可以分为横向和纵向两种。

横向视角可以理解为时下社会文化的影响。审美观念单调，一般是因为生活范围狭小、美学教育缺失等。不同国家和地区的人有着不同的审美观，例如，东西方的审美存在着巨大差异。亚洲地区对白、瘦模特的偏好更多一些。在十几年前，西方也流行骨感美，随着节食危害、进食障碍相关知识的普及，现在西方骨感的明星在逐渐变少。并不是说东西方的审美观孰优孰劣，只是说，人很难逃脱周围环境的影响，对身材美感的定义多来自环境。无论在什么地方居住，想开阔眼界和拓宽视野，最好的办法，一是多读书，二是去旅行。了解了各国之间的差异，你就会知道身边所谓的“潮流”不过是在“小圈子”里盛行而已，其实，在其他地方，还有那么多人有着不同的看法和活法。

纵向视角包括学习历史文化，当下的时尚风潮在历史长河中非常渺小。同一个地方在不同的历史时期有着不同的审美观念，这是由当时复杂的经济、文化、政治等因素共同决定的。“潮流”可以与时俱进，不断演变，但人体健康的规律永远不会变，所以，我们不应该追求易变的“风潮”，而应该在尊重规律的基础上追求健康。

当你能从多个角度看问题，并且学会思辨，就不会轻易被环境所束缚，造成心理压力过大。

以上 3 个方面同时隐藏在看似简单的审美观背后。这三方面逐渐丰富和立体的过程，就是一个人思维逐渐独立、成熟的过程，它使得人们不再只是关注表面的胖瘦，而是意识到以前审美观的缺陷，进而重建审美观。

当这 3 个方面中的一个、两个或三个全部滞后，就会出现对身材的认知偏差。具体表现为虽然体重在正常范围内，但还是感觉自己太胖或对身体某些部位不满意，刻意追求不符合正常生理健康标准的体重和身材，过分沉迷于外形是否合乎“流行趋势”，这也是导致饮食失调、身材焦虑的原因之一。

重建审美的“拦路虎”

我们必须要对“病态瘦”“文艺瘦”有深刻的认识，明白它们并不是我们应该追求的健康瘦，这就要求我们打破陈旧的审美观念，重建审美观念，正所谓“不破不立，破而后立”。

但凡事都是说起来容易、做起来难，尤其是改变观念。哪怕明明知道这就是对的、那就是错的，可是旧观念还是会时不时地跳出来诱惑你犯错，让你动摇、怀疑、焦虑，一不留神，你就会回到旧的模式中，重拾旧习。

观念的改变对实践健康饮食至关重要，只有改变观念，才可以有效抵御不健康减脂餐、变相节食餐的诱惑，才可以在健康减脂的道路上前行。所以，为了让大家在改变观念的过程中不走或少走弯路，我把在这一过程中通过亲身经历得到的一些感悟拿出来分享,这些感悟包括思考了对瘦的误区是从哪儿来的，以及去除非理性胖瘦观念的几味解药。从以下 3 个方面论述。

家庭的影响

很多时候，人们会认为社会流行风潮对人的胖瘦观念影响很深，但是有时候我会想，为什么处在同样的时空、同样的社会环境中，有些人对减脂资讯特别敏感和关注，特别在意别人对自己身材是胖是瘦的评价；而有些人则对减脂信息不感兴趣，只是偶尔听听或者看看而已，不会真的在意。

其实，比社会影响更深远的是家庭影响。如果父母有以下的情况，可能孩子对身材审美的观念更容易过于偏执，产生身材焦虑。

·父母非常爱美,爱打扮,喜欢瘦的样子和穿紧身衣服,特别注重外在形象。

·从小严格控制孩子的饮食量，即使孩子没吃饱也不允许再吃。不允许孩子吃一切高糖高油零食，认为孩子吃这些食物会发胖。

·对女孩子的饮食要求更加严格，灌输“女孩子胖了不好看，瘦了才美”的观念。

·苛责孩子的身材，拿孩子的身材开玩笑，如说孩子“包子脸”“水桶腰”“大象腿”“白薯脚”等。

·父母处理不好与食物的关系，毫无征兆地因为怕发胖而不吃晚饭，然后又在睡觉前偷吃零食；或者为了减脂，连续两天吃非常清淡的食物、不吃肉，结果过不了两天就要下馆子猛吃一顿。

·父母本身就有身材焦虑，一边吃得很香，一边内心为又要发胖而纠结，因为怕发胖，吃饭总要剩一口，吃完饭，习惯性地看肚子是否变大，吃完饭就后悔，抱怨又要发胖了，下次要少吃点儿。

·父母常常减脂，或者虽然他们嘴上不说在减脂，但吃得很少、很清淡，以保持身材。

·爱谈论别人的胖瘦，在路上见到某个熟识的人后，回到家里的第一句话就是“某某比原来更胖了”。

在这种家庭环境中成长的孩子耳濡目染，在潜移默化中，孩子逐渐形成“胖瘦对个人而言非常重要”的认知，胖瘦直接关乎别人怎么看待你，直接定义了你是谁，你够不够优秀，等等。他们会在内心觉得，只要发胖就会被人嘲笑、讥讽，别人就会用异样的眼光看你、议论你，对你评头论足，所以在人前必须时刻保持较瘦的身材。

只要出门见人，第一反应就是担心自己会被别人看出变胖了，如果恰好这时候身材较瘦，就会很自信，反之，就会很自卑，个人自尊感的高与低全维系在“胖瘦”上。

哪怕以后知道了这些观念是不正确的，想要努力纠正审美观念、学习营养学方面的知识，可是，怕发胖的焦虑一时间还是很难消除的。

对孩子而言，父母就是他的世界，不被父母认可，就等于不被全世界认可。哪怕长大后别人如何告诉他胖瘦并不是生命中重要的，但他还是无法从其中解脱出来。

有饮食失调、躯体变形障碍的人，解药一半在自己那儿，一半在父母那儿。只有把事情说清楚，全家一起努力改变家庭氛围，让父母可以接受你本来的样子，不再试图按照他们心目中的形象来改造你，做到无条件地爱你，你才能真正开始爱自己和喜欢自己。

社会环境的加持

在前几节已经讲过社会环境对胖瘦观念的影响的内容，在这里就不细讲了。总的来说，社会环境的影响非常重要，但它没有大家以为的那么重要，因为无论社会如何发展，你总有做出选择的能力和权利，能让别人影响你的只有你自己。

所以，与其抱怨社会环境，把自己假想为环境的“受害者”，不如思考如何在各种环境中保持独立，倘若改变不了环境，那就改变自己。对于社会环境的影响，我认为这是一种“加持”。

如果你从小已经形成了非常在乎胖瘦的观念，那社会环境中的关于各种瘦的“潮流”不过是对已有观念的一种加持，更容易“感染”本来已有类似观念的你。

而对本就不那么在乎胖瘦的人来说，潮流也不过是“耳旁风”，听完就过去了，不会当真，更不会去迎合。

被困在身材中的自己

之所以说另一半解药在自己这里，是因为社会影响只能算是外在原因，但内在原因仍是自己会下意识地寻找与之相关的社会影响来强化自己对瘦的认知偏差，以及证明自己对瘦的认知偏差的合理性，进而导致对瘦的认知越来越偏狭和僵化。

为什么你对身材的流行观念更加敏感而不对装修房子的流行观念特别上心？说到底还是因为你本身对身材感兴趣，对装修没兴趣，所以根本不会关注有关装修之类的信息，即使听说了关于装修的资讯，也不会将其放在心上。

而过度关注一件事久了，就容易发生“中心化效应”，也就是说你对胖瘦或减脂关注得越久、越熟悉，它在你生活中的地位就越重要，影响也越大。

此外，现在社交媒体的算法运作机制会加剧这种情况，例如，你经常点击什么内容，互联网就经常给你推送相关内容，渐渐地让人与真实、多样的世界隔离，只生活在自己的小圈子里。在小圈子里待久了，所接触到的世界会被无限放大，人的心智和认知逐渐发生改变，小圈子就会变成你的整个世界。

中心化效应持续时间长了，人容易只从自我角度出发看别人、世界，认为别人和自己一样非常重视胖瘦这件事。长此以往，就会“钻牛角尖”，看待世界的方式也会逐渐变窄和扭曲，“人理应有好身材”逐渐变成真理和信条，从而整个人就被困在了自我构筑的“身材”牢笼中。当认知越来越偏狭和僵化时，为了达到目的，无论是饮食还是运动，都会特别容易采取极端激进的方法，并且不能接受状态不好的自己，更不能接受失败，更偏执地追求所谓的“成功”和“完美”。

从以上 3 个方面找到自己对瘦的误解的来源，重建审美观念后，你会明白追求美不必削足适履，美应是多元化的，每个人的身体构造生来就不同，适合别人的不一定适合你。

只要在生理健康的基础上，体重和体脂率属于正常范围，人有精神，有活力，各种自然美就都是美的。不必人人“A4 腰”，不必人人“筷子腿”。我常听到一类抱怨，如“我好好吃饭了，结果发胖了”，仔细一问，原来她身高为 1.65 米，从 40 千克长到了 45 千克。即便长了 5 千克，仍然不属于健康体重的范围。理解以上内容可以帮助你重新定义胖瘦，不再将低于正常范围的体重标榜为理想中的瘦。

有些读者在来信中经常提到自己无法与食物和解。其实，问题的根源不在于食物，而在于如何与自己和解，如何与自己平静、淡然地相处。

相信我，不喜爱自己本来的样子、极度想瘦的你哪怕真的瘦到你所设定的目标体重，你也不会真正开心。只有先开始学会爱和喜欢自己，对自己温柔和好一些，才能从心底接纳自己。吃东西时，不会再有各种想法在脑海中“打架”，并且能全身心地投入生活，真正享受食物带来的快乐。整个人的状态变得怡然、自洽。

内在因素：身体内在运行情况

健康瘦不仅指外在的样子，也指身体内在运行情况。在某种程度上说，外在样子其实是身体内在运行情况的“副产品”。所以，增强身体内在运行功能，外在会自然而然地长成它应该有的样子。就像植物，叶子枯黄卷曲、掉叶子、叶片不饱满或无光泽只是表面现象，是根系不健康的外在表现。根健康了，花和叶才会好看；根坏了，花和叶不可能好看。双腿笔直、饱满、无赘肉，是骨骼排列、肌肉量、循环系统、代谢系统等各方面都“工作良好”的外在表现。相反，腿不直、易水肿、大腿根囤积脂肪，是上述各方面有待提高的表现。当然，不在此讨论基因因素，只讨论我们能改变的方面。

养护身体就像种花草，不喜欢水，就不要一直浇水；喜欢晒太阳，就不要一直待在阴暗角落里。只要了解和根据花草的习性养护，花开得漂亮、茁壮成长是水到渠成的事。

我深知，在减脂过程中称体重所显示出的数字对减脂者的心态有极大影响，无论在心里默念多少遍不要只看体重，但是心里的结还是无法解开。道理都明白，可就是做不到。这个“心结”的成因就是违背逻辑，单纯追求体重降低。采取激进手段来减脂，如同揠苗助长。

正确的逻辑应该是通过提高“减脂能力”达到健康瘦，即身体内在运行机制发生积极变化，如各脏器功能增强，消化吸收系统功能增强，营养物质的摄取和吸收率提高，骨骼健康，血气充足，代谢提高，运动能力和消耗提高，日常活动量增加，如果以上目标能够达成，那么体现在外表上就是你瘦了，而且是精神饱满地瘦了。体重降低、身材变紧致只是这一系列变化的“副产品”，换句话说，如果发生了这一系列变化，健康瘦是自然而然的。靠节食耗尽身体的能量储备，导致身体功能下降，变成像饥荒时期的“难民”一样面黄肌瘦，这是不可取的。

凡事都有优劣，健康瘦也不例外。它的“劣势”在于：内在变化看不见也摸不着，反馈也不及时，需要一段时间才能逐渐出现。其实，凡是符合生长规律的变化都不可能是一蹴而就的，就像你不可能用肉眼看到婴儿每天的生长发育，婴儿在几天时间就可以长大成人更是“天方夜谭”。种花草也一样，每种植物都有固定的生长周期。人更是如此，除了做吸脂术，身体自然的代谢过程不可能使身材每天都有所改变，如果真是那样，就得赶紧去医院做检查了。说到这里，想想看，凡是符合减脂者渴望的变化，例如，一直瘦下去、怎么吃都不胖、一改变饮食和运动身材就马上发生变化，等等，其实都是需要去医院做检查的征兆。这些情况放在缺衣短粮的古代社会简直是难以想象的，因为这样的人根本不可能生存和繁衍下去。

健康瘦需要时间，如果不是真正热爱这件事，很少人有耐心去等待开花结果。所以，只有真正的热爱才能得到回报。而人们总期望体重减得很快，因为数字也实实在在地摆在面前，人们倾向于相信“眼见为实”的及时反馈。其实，这样的正反馈并不是一件好事情。因此，我们需要一双“X光眼”，这样就能看到原本看不见的内在变化，等洞察力提高后，自然就能客观和平和地看待称体重时显示的数字，进而心情不再受体重数字影响。

减脂能力

上幼儿园和小学时，常有体育教练来学校挑选运动生，观察孩子的外形，就可以知道他是不是跳高、长跑、体操等项目的苗子。现在，我运动久了，学习的东西多了，能看到以前所看不到的，即使遇到不认识的人，看一眼他的外形，也能粗略估计出他的减脂能力是强还是弱。

外表胖不一定代表减脂能力弱，瘦也不一定代表减脂能力强。减脂能力受到基因、生活习惯、性别、年龄、运动史、伤病史、内脏功能、运动能力、减脂经历等多种因素影响。减脂能力的变化，实际就是看不见的内在变化。身体由虚到实，减脂能力变强了，减脂是水到渠成、自然而然的事，减脂也比较容易，至少不会拼尽全力也看不到变化。

胖瘦分虚实，你要弄清自己属于哪一种。2016 年圣诞节，我家里恰巧有三个年龄相仿的女生，她们各自有各自的特点，我不妨将她们的特点讲给大家听听，看看能否从中找到自己的影子。

L. 21 岁，在婴儿时期就被美国一家庭收养的中国女孩，因为家庭环境的影响，无论在生活习惯还是文化上，都是美式的。

· 外形特点：体重在正常范围内，肌肉紧实、上身短、下身长、双腿纤长笔直匀称无赘肉、臀部肌肉紧实。足弓明显，脚部呈强劲有力的抓地状。略微含胸驼背，头前伸，胸部丰满。赘肉多在后背、胳膊、胸部、腰腹部，下半身发胖较慢，相比上半身，腿部肌肉较紧实。

· 饮食特点：毫无顾忌，通常吃典型美式高能量“垃圾食品”，吃得多且快，总感觉饿，经常饿一顿再大吃一顿。

· 运动习惯：从小就好动，性格急躁，和男生一起练习踢足球，现在练习巴西柔术。

D. 23 岁，美裔，白色人种，16 岁以前的体重处于正常范围，肉松软，髋部较宽，轻微膝外翻，扁平足，上下身比例五五开且胖瘦均匀。20 岁以后，全身性迅速发胖，体重超标，驼背，头前伸，膝过伸严重，下半身易水肿。

· 饮食特点：同 L，尤其喜爱高能量食物，正餐偏食不爱吃肉、食量不大，但进食速度很快，三餐无规律，以市售加工速食为主。

· 运动习惯：喜安静，爱阅读，不爱运动，日常也很少活动，偶尔做瑜伽拉伸动作。

B. 19 岁，美裔，白色人种，体重在正常范围内，上下身比例五五开，上半身明显比下半身“小一号”，脸色苍白，肩窄，胸部小，能看见肋骨，腰纤细，从大腿根往下开始变粗，下半身有些臃肿，肉松软。

· 饮食特点：爱吃的食物种类同前两位女孩，但吃得非常少且吃得慢，感觉吃什么都没有味道。

经过这些简单描述，再结合前面讲过的各种知识，我们来分析一下，如果现在她们想减脂，谁的减脂能力强、谁的减脂能力弱？我把她们三人分别归类为 L 是实胖型、D 是虚胖型、B 是虚瘦型。结论是 L 减脂相对容易，剩下的两位相对困难，如果在运动能力较弱的情况下依靠节食减脂，更是“雪上加霜”。

L 虽然吃得多且不够健康，但她代谢率高，身体结实，从小爱运动。腿笔直匀称代表骨盆位置和髋关节功能基本没问题。运动（如跑步）时，能用臀部主导发力。即使在日常生活中，如走路、上下楼也能更多地利用到大肌群以消耗更多的能量。如果饮食再稍微注意些，身材变化就会非常大。

看到 B，就好像看到了以前的我，代谢率低、肌肉量低、易囤积脂肪、肉松松软软的，但我比她更爱吃东西。她虽然腰非常纤细，但主要是因为年轻和吃得少。想保持的话，只能一直要吃得少，稍微多吃就会发胖，而且是臀和大腿相连处先发胖。她运动能力有限，一动就感到累，无法充分调动大肌群做功，总是靠关节的刚性支持完成运动，所以运动效果也不好，运动多了反而会更饿，只能用少吃的方法控制体重。即使饮食变得健康，身材的改变程度也有限。

假若，把 B 想象成几年前的我，现在的我想对几年前减脂能力低的我提些什么建议呢？第一，不要节食。第二，这样的身体情况需要的是质变，是内脏器官功能的增强。

虽然是个例，但值得一提的是，虽然基因对胖瘦和体形有很大影响，但不代表它具有决定性作用。

第4章

健康瘦饮食法

前面讲过了什么是健康，健康瘦的具体外在表现，接下来我们讲如何做到健康瘦。首先，如果你听到身边有人说他用某种饮食方法在 3 个月的时间瘦了多少千克，至今也没反弹，让你也赶紧试试，这个时候，你千万不能轻信他而盲目跟进。尽管媒体也常常跟风报道某明星短时间内成功暴瘦，但这真的健康吗？实际上，我们应该极力避免这种速瘦。短期内暴瘦其实很简单，没有什么“技术含量”。相反，能至少 5 年以上（最好是 10 年以上）保持健康体重，不反弹，而且身体整体状态越来越好，那才是真正的“技术活”，是值得你学习和借鉴的。

现在，我能一下说出许多种半个月就能见效的速瘦方法和食谱，速瘦和速胖都不难，真正难的是在不用过“苦行僧”一样的生活的前提下，做到 3 ~ 5 年（甚至终身）保持理想体重和体形。

虽然正如前面所讲，人与人之间存在个体差异，但能保持至少 5 年身材健康、体重不反弹而且健康状态总体稳定的人还是具有一些共性的，我接下来要对这些共性的内容进行阐述。

成功减脂并能常年保持身材不是只靠吃某种食物就能做到的。能做到这样，一定是整体行为模式发生了变化。我在常年与众多网友的互动以及我的个人经历的基础上，总结和提炼出了关于健康瘦的公式，即**“健康瘦 = 健康饮食 + 良好生活习惯 + 合理运动 + 好心态”**，这个公式可以帮助你健康、安全地变瘦，且能让变瘦的成果长久稳定、得以保持。

公式中的 4 个方面都很重要，在这一节，我们先来探讨健康饮食这个核心要素。判断减脂餐是否真正对身体健康有益，要看它是否符合下面 3 个标准：能量适中、选择合适的食物、对肠胃友好。这 3 点弥补了前文中所提到的节食的缺陷，符合这 3 个标准的减脂餐既能让人获得饱腹感，又有益于身体健康。

4.1 能量适中

健康减脂并不意味着吃得越少越好，务必改变吃减脂餐只看食物能量高低的观念，也不要一看见“低能量”或“高能量”的标签就“神化”某种食物或给某种食物“判死刑”。网络上很多点击率高的减脂食谱几乎都存在误导性标题的现象，以后再看到诸如“低脂低能量减脂餐”“无糖无油”“吃到撑也不会发胖的减脂餐”“某明星同款减脂餐”“200 千卡低能量饱腹刷脂餐”“一周减掉 2.5 千克的减脂餐”“吃不胖的掉秤便当”“夏天减脂就要吃某某某”等诱人的标题，你千万别冲动地马上跟着做，细究这些标题，从逻辑上来看，它们就不堪一击。所以，盲目跟风，最终只会害了自己。

能量摄取标准

健康长效的减脂餐应该是能量适中的。能量适中并没有统一的标准，要根据个人的全天能量需求而定。例如，我 38 岁，身高 1.66 米，体重 55 千克，有定期运动的习惯，一天中坐着写东西的时间较多，日常体力活动量较小，保持期全天能量需求为 1 600~1 700 千卡。如果一天吃 3 顿饭，那平均每顿饭摄取 500~600 千卡能量比较合适，当然上下浮动 100~200 千卡都是正常的。如果摄取的能量低于这个范围，我就会吃不饱——吃的食物量太少，达不到饱腹感的阈值则不会感到饱；若是超出这个范围太多，我则会感觉胃撑得不舒服，甚至胃胀。对大部分女生来说，一天 3 顿饭，每顿饭摄取 400~600 千卡能量是适中的，也就是说人体每隔 4~6 小时就需要摄取 400~600 千卡能量。对男生而言，可以在此基础上增加 200~300 千卡。

一日三餐的能量分配要尽量平均（偶尔不平均没关系）。我们可以把饥饱感想象成波浪一样的曲线，饿的时候曲线在基线以下走低，饱的时候曲线在基线以上走高，一定不要等曲线快要到波谷时才吃东西，也别在曲线已经到波峰时还不停地吃。就好比给手机充电，你不能总是等手机电量低于 10% 时再充电，也不能总是在手机充满电后继续充电，这两种行为都可能减少手机的使用寿命。

如果减脂期间想让肌肉尽量少流失，就要注意营养素的摄取量：脂肪提供的能量应占总摄取能量的 20%~35%，蛋白质摄取量的标准是 1.2~2.2 克 / 千克体重(大量摄取蛋白质是否对身体有负面影响，我会在配套食谱中做详细说明)。剩下的能量由碳水化合物和脂肪提供。

我在设计配套食谱时，将能量适中作为重要的参考因素。减脂新手如果把握不好减脂餐的做法，可以先参考我设计的配套食谱，一段时间后，对能量和食物体积有了基本了解，再根据自己实际的饥饱情况适当增减各营养素的摄取量。

要不要计算能量?

提到能量摄取标准，就避不开一个非常重要的问题，那就是究竟要不要计算能量。这个问题没有标准答案，计算能量并不一定绝对的好，也不一定绝对的坏，要分情况而定，即具体情况具体分析。

从人群上看

从人群上看，对减脂新手和有一定减脂经验的人而言，这一问题的答案是不一样的。另外，还要对一些特殊人群进行单独分析。

减脂新手

首先，要明确一点：计算能量是有“门槛”的，这并不是初级者能够容易掌控的事情。很多人从开始减脂就急着计算能量，结果坚持不了几天就被迫放弃。这是因为减脂新手往往会把计算能量这件事看得过于简单，不了解其中的原理，也没有掌握正确的方法，不知道自己可能遇到的障碍，更不知道应对方法。

再次，新手的生理、心理状态并不合适计算能量，因为这类人往往没有能力消解因计算能量和体重变化给自己带来的负面影响，反而会令自己心理负担过重，导致太多精力被占用。从整体上来看，弊大于利。

已经至少 1~2 年规律、健康地吃饭和运动的人

对已经至少 1~2 年规律、健康地吃饭和运动的人，学会正确计算能量对其是有帮助的，无论喜欢计算能量与否，了解计算能量的相关知识都是有必要的，它可以起到规范自我行为的作用。有些人如果不计算能量，就永远不会知道自己原来吃得这么多或这么少，对这些人来说，学会计算能量，可以避免“自以为吃得很健康”的情况。

特殊人群

以下人群可以先学习如何计算能量，但不必每顿饭都计算能量。

· 处于食欲失控期的人。这类人要么严格禁食，要么无法控制自己暴饮暴食，甚至近期有嚼吐、催吐的情况。

· 有神经性厌食的人。这类人的体重和体脂率均低于正常标准，每餐都要严格限制能量的摄取，不敢吃特定食物，如精制米面，添加糖、油、花生酱的食物，以及一切市售食品。当不小心吃到这些食物时，这类人都会陷入深深的自责、后悔、愧疚。

· 无法接受自己吃了自认为不该吃的东西的行为，对于已经发生的行为一定要采取补偿措施，如不吃下顿饭，做长时间的有氧运动，坐立不安、认为坐着和躺着都会发胖、一定要站着走动，催吐，人为脱水，吃泻药等。

·有月经不调问题的人，或因节食减脂而停经后、月经恢复正常还不到半年的人。

·减脂后遗症还较明显的人，常见的减脂后遗症有严重脱发、睡眠障碍、情绪不稳定、社交障碍（尤其是在吃饭的场合）、肠胃功能差、脸色蜡黄、手心发热。

·体重不稳定的人。（忽胖忽瘦，变化范围为1.5~2千克。）

·连续一周几乎每天都出现身材焦虑、抑郁等消极情绪的人。

·对减脂有心理阴影的人。这类人哪怕没有真的行动起来减脂，但只要一想到减脂就会紧张、有压力、焦虑、食欲不稳定、肌肉关节酸痛。

·在医院做的各项检查结果都正常，医生也说没什么问题，但就是感到自己不对劲、生活不开心，正常生活被饮食这件事影响的人。

> 提示：你如果有上述情况，一定要去医院看医生，包括专治饮食失调的医生和心理医生。如果检查结果一切正常，医生说回家调养就行，则可以按照本书中的方法摸索并调整饮食方法。如果医生给你开药或进行特殊的饮食嘱咐，那就要遵医嘱，先把病治好。

从个人目标上看

如果你的目标是体检时各项指标合格、身体健康，至于身材方面，不要求像明星、模特那样，那就没必要计算能量。保证生活方式基本健康就够了，常年保证生活方式健康就已经超出大众平均水平了。如果你的目标不仅仅是身体健康，而是在身体健康的基础上追求更好的身材，如希望体重增加、体脂率降低，看起来精瘦，自身健康水平比大众平均水平高一些，那么学会正确计算能量是有必要的。不过，你要注意：减脂初期计算能量时，不要严控能量，你给自己设定的目标应该尽量宽松。

对待能量计算的常见错误态度

计算能量本来是帮助自己了解身体、促使自身健康发展的一个工具，但事实上，很少有人能正确运用这个工具，所以在实践中经常出现以下两种错误做法：一是过度计算能量进而演变成了节食，而前面章节讲过节食减脂的最终结果一定是失败，这类人减脂失败后就会把能量计算贬得一无是处，觉得自己减脂失败就是因为计算能量；二是完全反对计算能量，这类人往往会觉得计算能量是对人的束缚，会让人失去吃饭的自由，认为计算能量没有实际意义。错误的态度导致错误的做法，而错误的态度归结起来一般有以下几种。

错误 1：本末倒置，追逐能量本身。

为什么很多人觉得计算能量不好？因为他们把计算能量这件事当成了“紧箍咒”“鞭子”，把计算能量变成了虐待自己。计算能量不是为了每天完成对那些数字的计算。追逐数字本身，相当于把一件错综复杂的事情简化成了好像只要逐个达到简单的数字目标就可以达到大目标一样，忽略了达到大目标所需的其他条件。就像读书，很多人计划一个月读多少本书，这就是把读书的目标错误地等同于读完的书的数量，即认为只要在规定的时间里读完计划所要读的书本数量就是完成了读书的目标。即使一个月读了 20 本书，但记住并能实际应用的内容有多少？留下的只有打卡记录，真正将知识内化并应用实际的人少之又少。这种打卡行为一般都会在人的冲动期过去之后不了了之。计算能量也是如此，达到每日能量目标不是真正的目的，真正的目的是通过“计算能量”这个工具，在减脂过程中熟悉自己身体的反应、建立自己的身体数据库，给以后的进阶规划提供客观依据。千万不要把全部精力都放在实现所设定的数字这个目标上。只有掌握了一段时期的数据，我们才能更清晰地分析目前的减脂方案中所存在的一些问题。

正确态度

· 从今天开始，大家要明确一点，计算能量只是一个工具，其作用是为制订计划提供依据，工具使用得是否恰当取决于使用的人。

· 计算能量不是为了打卡，大家只需要客观地看待数字本身，不要体重一减少就高兴，体重一增加就不高兴，应该让情绪和体重脱钩。切记：追逐能量本身并没有太大意义。

错误 2：没有进阶概念，脑子一热就做决定。

大家计算好能量后，接下来最常见的情况是什么？是不是会有以下想法：哇，原来我吃了这么多，以后要少吃点儿；或者原来我全天需要 1 600 千卡能量，明天开始要吃得比这个少。拥有这样的想法，意味着你从做第一个决定开始就偏离了正确方向。为什么这么说呢？因为很多人在没有进行系统性的整体规划的情况下，临时决定明天不吃晚饭了、不吃主食了或者不吃肉了，这些都是下意识的行为。这样就常常导致要么吃撑，要么不吃，进而陷入恶性循环。

正确做法

· 分阶段制订计划，给自己留出弹性空间，不要一下断了后路；还要注意配合运动计划调整能量摄取量。

· 不要一开始就严控能量摄取，一旦达不到目标就放弃，一定要自始至终保持弹性。

- 不要完全避开某种营养素，如脂肪、碳水化合物。

错误 3：忽略保持体重稳定的能力。

首先，保持体重稳定的能力是减脂者必须建立的，其重要性无论如何强调都不为过。其次，保持体重稳定的重要性是非常好理解的，这就如同孩子一定要先站稳了，才能走和跑。而现实中，大多数人连保持体重稳定的能力都没有，一开始减脂，就想要瘦多少千克、让体脂率降到多少，这就像孩子还没有站稳就想学走和跑。

减脂也一样，如果你做不到让体重长期稳定在一个区间，要么忽胖忽瘦，要么持续增长，要么不由自主、控制不住地暴瘦，一开始减脂，就想几天瘦多少千克，那你一定会害了自己、一定会受伤。通过计算能量建立身体数据库就是在获得这种能力，只有学会了如何让体重保持稳定，你才可以在自己每天饮食所摄取的能量和运动所消耗的能量之间找到平衡点，倘若你想要进行调整，就会很容易——只需要小幅度地改变其中一个方面就可以了。

很多读者在来信中都提到自己饮食失控，因而感到迷茫。其实，这也是没有学会让体重保持稳定的表现。不是说掌握了让体重保持稳定的方法就一定不会再迷茫了，而能在感到迷茫和彷徨时稳住心神，找到调整的方向，即通过以前的体重记录，明确自己的体重基准线（自己感到稳定的时期的体重）。只要让体重回归到原来的基准线就好了，等稳定后再慢慢摸索更适合现在实际情况的方法。

正确态度

- 从今天开始，要把让体重保持稳定的能力放在与减脂同等重要的地位，甚至前者更重要一些。不要再出现忽胖忽瘦的情况，这样只会让身体受到伤害。不要被社交媒体上“一个月瘦 15 千克”等吸引大众目光的信息所误导。

• 树立正确的观念：一个月瘦 10~15 千克不是什么值得羡慕的事情，反而应该极力避免这种事发生。

错误 4：小事情过于“钻牛角尖”，大方向反而掌握不好。

例如，过度纠结喝粥是不是不利于控制血糖水平，但忽略总能量摄取量，所以刻意不喝粥，但经常喝奶茶。再如，纠结坚果到底要不要带皮吃，听说花生衣富含营养，所以即使自己不爱吃花生衣也要硬着头皮去吃。其实，这些小事对减脂的最终效果不会有很大影响，大家不必过于纠结。但我也理解这是正常现象，减脂新手搞不清楚哪些事是小事，哪些事是大事。

正确态度

• 注意仔细阅读本书中的内容，我反复强调的就是重要的，没提到的，可以先忽略。因为我常年与读者和学员进行交流，所以大家的常见问题我几乎都能考虑到。

错误 5：缺少优化调整的思路。

例如，常有人问：“吃蛋白质后放蛋白屁（很臭、很频繁的屁），是不是就不能摄取蛋白质了？”“女性在月经期还能不能运动？”这类问题的共性是二元思维，即只有“做还是不做”或者“吃还是不吃”，而忽略了它们的“中间地带”。

正确态度

例如，如果摄取蛋白质后放蛋白屁，首先要做的是检查蛋白质的摄取量是不是过大。按照本书中的建议量、搭配方法和烹制方法来做，或者，最简单地按照每 0.5 千克体重摄取 1 克蛋白质（只是举例，不一定必须按照这个量摄取）是不会放蛋白屁的。如果还是放蛋白屁，那么只要执行以下步骤即可。第一步，不要减少蛋白质的摄取量，只需把肉类煮烂些，尤其是肌纤维粗的牛肉；第二步，检查是不是粗粮和蔬菜的摄取量过大或煮得不够软烂，试着调整蔬菜的摄取种类，如不吃易导致人胀气的蔬菜，只吃嫩的菜叶，或者减少蔬菜的食用量。经过这样的调整，看是否还放蛋白屁。一般情况下，平时肠胃功能没有问题的人，经过这样的调整，胀气症状会得到大幅度的改善，蛋白屁也会减少。注意：不用完全照搬本书规定的标准数字来吃蔬菜。只需做到尽量吃，能吃多少是多少，偶尔不吃也没关系。一定不要有“一顿不吃蔬菜就意味着灾难来临”的想法，因为这种想法会导致焦虑。

如果调整蔬菜的摄取后还是没有效果的话，就只能再调整饮食中粗粮与细粮的比例：增加摄取的细粮的比例，同时注意要煮得软烂一些，将其咀嚼成糜再吞咽，再看情况是否有所改善。

基本上，很多人做出以上调整之后，症状就有所缓解或者消失，如果还不行，就要逐步减少蛋白质的摄取量。注意不要一下子减得太多，而要一点一点地试，例如先减少 10~20 克看看效果如何，然后一点一点地调整、观察、再调整、再观察，直到找到适合自己的摄取量。切记：调整不能搞“一刀切”，而是根据自身实际，反复微调、实践、反馈、再微调，在实践中不断优化。

错误 6：缺少变量概念。

这是导致很多人对于计算能量这件事情前功尽弃的一个重要因素。例如，原本对于能量的掌握已经得心应手、运用自如，也持续观察了一段时间，结果却因过节、外食或旅游等导致规律的饮食习惯被打破，人就会觉得自己长期努力的结果一夜之间付诸东流，伤心至极，最终选择放弃。这是完美主义者的“雷区”，他们要么做到最好，要么不做，缺乏弹性和恢复能力。

再例如，我经常收到的信中有如下问题：“春节期间去爸妈家，吃多了，体重增长了，好难过。”“我吃了几天零食，胖了，怎么办？”要知道，这些问题只是规律的日常生活中的小变量，并不是天天都存在的常量，只要消除掉这些小变量，过一段时间，自然就会恢复到变量出现前的样子，谁也不可能天天和春节期间一样大吃大喝；吃太多的零食导致发胖，不吃了，就会慢慢恢复如初。

这些小变量是不重要的，重要的是每天都做的事情，这些事情往往普通到令人觉察不到它。然而，正是这些不易为人觉察的事情（如呼吸、喝水、睡眠）的共同作用和影响，决定了你的模样。

正确态度

当你因为一顿饭没吃好而感到烦躁时，试着跳出这种情绪，问问自己：“我天天都这么吃吗？”在给予否定答案之后告诉自己：“不就是一顿饭嘛，一顿饭不会导致整个计划失败，最多让计划延迟一些。”反复练习，就能以平常心面对。

错误 7：不能理性看待体重短期的升降。

减脂者对体重变化往往非常敏感，会非常关注自己的体重变化。看到自己的体重下降则欢欣鼓舞，而一旦看到体重上涨，哪怕只增加了一点儿，也会非常失望，甚至会破罐子破摔，放弃减脂。

正确态度

体重短期的升降有以下 4 种常见情况。

第一种情况是，由于改变饮食结构后有一个适应期，体重可能降低，也可能升高。

第二种情况是，以前天天大鱼大肉并搭配很多主食，从不吃粗粮、蔬菜，后来突然只吃粗粮或不吃晚饭了，体重自然会下降。

第三种情况是，长期节食的人，好多年不吃主食，恢复吃主食后，会出现较明显的水肿，等激素分泌稳定后会自然消肿。

第四种情况就是，运动后体重上升。这种情况更不用担心了，我一直强调体重只是体重，它只能说明你有多重，仅此而已，身体内部到底是什么成分增多了，从表面上根本看不出来。运动后，尤其是进行力量训练后，身体糖原储备量、水分含量、血液、组织液都会增加，可以理解为很多对身体好的“硬货”增加了，体重自然会上升，但是，从外形上来看，没有发胖，甚至衣服还会显得宽松了不少。

总之，不必太在意体重短期的升降，体重降低不必过于高兴，体重升高也不要过于烦躁。只关注短期变化会对长期计划的执行造成干扰。对减脂新手来说，重要的是在减脂的整个过程中充分了解自己的身体，探究出体重上下波动的规律。

错误 8：没有耐心，不能持续。

患得患失、沉不住气、过于计较都是在减脂过程中经常遇到的情况。你问任何一个成功减脂者减脂秘诀，他一定会说持续性是成功减脂的关键。记住，建立身体数据库、计算能量并追踪记录身体情况，不是让你必须每天都严格落实，一天都不能耽误，那样会导致你精神紧张。你要明白，这个长期项目不是一两天就能完成的，也不是必须天天定时记录的。如果哪天累了，可以休息一下，等养足了精神再继续，这样才能长久坚持。减脂进程即便被旅游或过节打断了也不要紧，等回归正轨后继续按照原来的计划执行就行。没办法遵守关于外出就餐的规定，那就不遵守，尽情享受外出就餐就行。

正确态度

·记住，记录不是要完美地记录，而是记录不完美，记录最真实的生活。

·我也不会持续每天不间断地记录，我最早的一条详细的身体记录是在 2014 年，至今已有 8 年，这期间，我也是在断断续续地记录，但最重要的是一直没有停止记录。

错误 9：占用过多的时间和精力。

很多减脂者在计算能量并追踪记录的过程中会过于强调坚持的重要性，无论出现什么情况都要咬牙坚持，身体不舒服也要坚持，这明显是在用所谓的“自律”伤害自己。

正确态度

一定要让整个过程简单易行、阻力小，让它融入你的日常生活。最开始时确实要花些时间，但一旦养成习惯，就会水到渠成，接下来只要照做，顺其自然就好了，不会感觉累。形式和工具都不重要，重要的是要用着得心应手、快捷方便，只有这样，才能长久。千万别让记录形式高于记录内容本身。我使用减脂宝（MyFittnessPal）健康管理应用程序来记录能量，饮食和运动的感受则用手机备忘录。

错误 10：不够人性化。

忽略了自己是人，要求自己像机器一样精密无误。一个人不应该因为自己有正常的生理需求（如睡觉和吃饭）而自我怀疑、羞愧、后悔。不人性化的饮食和运动计划只会让人纠结，最后以失败告终。

人毕竟不是机器，不是说摄取足够的营养素和能量就“万事大吉”了。要是那样的话，岂不是只要每个人都依靠输液摄取减脂计划中设定的身体所需要的营养素和能量就可以了，既省时又省力，而且还能瘦，多完美。

进食是一件很复杂的事情，涉及的知识非常繁杂，除了营养学，还牵扯到民族文化背景、家族饮食习惯、情感需求、社交功能。人不同于低等动物，除了生存，还需要生活。就饮食而言，它有时是情绪和心理上的慰藉，有时还是人和人沟通的媒介。

很多食物其实早就超越了食物本身的内涵，它是人类情感的寄托。食物里面有各种快乐的回忆，有一起吃饭时的家人和朋友的影子，也有吃到嘴里时心里充满的暖意。例如，春节时的饺子、中秋时的月饼、家乡的小吃、小时候爱吃的饼干、生病时吃的番茄热汤面，这些食物所代表的都是家和父母的味道。当你吃到从小爱吃的食物，便会被瞬间勾起回忆，并产生某种深厚感情。倘若把这些一并夺走，突然不让吃了，你就会感到很失落，心里不是个滋味，觉得缺了点儿什么，更不要说饮食结构突然发生剧烈变化。在这种情况下，你的身体和心理都是接受不了的，坚持不了几天就放弃也属正常现象。因为你为了减脂一下子放弃了所有喜欢的食物，就相当于你把自己的根基破坏了，你也就不再是你了，自然会产生迷茫感。终有一天，压抑的情感会以暴饮暴食的方式发泄出来。

我不希望你因为减脂把自己“连根拔起”，滋养身体、让根基越来越稳固才是我们真正的目标。

正确态度

你一定要明白，一个长期可持续的计划要顾及很多方面，它不像照搬照抄一个流行的饮食法那样简单。

要学会多角度、立体地看待减脂餐。市面上大部分饮食法只会告诉你吃后如何瘦。事实上，很多饮食法虽然理论正确，但它们在实践中并不能发挥作用，因为这些饮食法忽略了每个人的差异性和实际生活丰富的变量。

以上就是大部分人在计算能量时的常见错误，总结一下，无论你是上面提到的哪类人，以后的饮食和运动都要注意围绕这 5 个关键词：进阶、平衡、持续、简单、人性化。

转换看待能量计算的视角

一个常见的问题是："我每天只摄取 1 200 千卡能量，都低于基础代谢所需能量了，为什么体重还是没有下降？"如果你遇到的恰好是一个只以体重下降为目标的私人教练，他很有可能告诉你要吃得更少才行，每天只摄取 1 000 千卡，甚至 800 千卡能量。其实，你遇到的情况说明你的身体已经适应了摄取的能量极少的情况，你已经进入了代谢适应状态。你有没有想过，在经过每天只摄取 800 千卡能量之后，再次进入平台期怎么办，继续降低摄取的能量、继续少吃？一直这样下去，那最后是不是干脆什么都不吃了，完全饿着？这肯定是一条"死胡同"。

与以往一提减脂就想到"减少能量的摄取量"不同，更实际也更理想、能让你的生活更舒适的目标是把能量摄取维持在尽量高的情况下，还能保持较满意的身材、不提高体脂率。也就是说，我希望你不要一个劲儿地试探摄取的能量要降到多低的情况才不发胖，而要试探摄取的能量能升到多高还不发胖。

对比这两者，前者会引发代谢适应，降低能量摄取才能勉强维持不发胖，一旦多吃一点儿食物，体重就会明显反弹，同时肌肉的流失导致代谢更加缓慢，更易囤积脂肪，形成恶性循环。而后者靠的是提高身体功能，避免出现代谢适应，保持较高的代谢水平，这样日常活动量、运动表现都会有所改善，能量消耗会增加，脂肪也不易被囤积，形成良性循环。

另外，二者的本质差别是思维上的不同，前者是“限制”型思维，一切行为的出发点都是为了避免出错，消极防御。而越是避免出错，越容易只聚焦于自己哪里做得不好，在失败、错误中纠结，以致于时刻注意自己的行为，吃饭时变得战战兢兢，提心吊胆，吃一口零食就如临大敌，心理负担过重。后者是更积极乐观的“成长”型思维，认为自己有能力做到更好，不再被“对能量的恐惧感”操纵。把变化当作挑战，行为的焦点在“做正确的事”上面，即使有小“磕绊”也不认为会失败，而且能从其中迅速学习到知识并总结为自己的经验，然后进行调整，不断成长。

是否要少食多餐？

少食多餐一般指一天中吃饭超过 3 次，如一天吃 4~6 餐。注意，不是说一顿完整的、有肉菜饭的饭才叫一餐。只要是进食就算一餐，如喝一杯酸奶、吃一个水果也算一餐。另外要注意，虽然是少食多餐，但是全天摄取能量的总量不变，只是把总能量分摊在 4~6 餐中，千万不能在计划摄取能量基础上额外摄取能量。有些人虽然少食多餐，但每餐摄取的能量都和正餐的一样，这样就会导致摄取的总能量超标，自然不利于减脂。

究竟有没有必要少食多餐呢？这个问题同样没有标准答案，要根据不同人群的饮食习惯和工作情况而定。

在“健身迷”的固有观点中，常见的一种是“少食多餐有助于血糖水平稳定，促进减脂”，细究起来，这句话并非完全不对，只不过很多人对这句话有误解，直接认为要想减脂就必须少食多餐。以至于总是忧心忡忡地随身带着能量棒，怕错过了进餐时间，影响了减脂效果。你要明白，任何僵化、固化的减脂方法都是不可取的，是不科学的。对于每天必须要吃几顿饭才能成功减脂、必须少食多餐的这种说法，首先，要意识到这种说法是片面的，所以不必因为做不到少食多餐而担心减脂效果受影响。就现在的研究而言，在全天能量摄取总量不变的情况下，一天进餐 3 次或更多次，减脂的效果并没有显著不同。

其次，从人群看，肠胃消化功能较弱、饭量小、胃口差的人群更适合少食多餐，其他人可以少食多餐，也可以正常吃饭。建议大家根据自己的食欲决定是否少食多餐。这一条很重要，需要经过一段时间的实验和观察。例如，刚开始少食多餐时，你可能感觉食欲控制和减脂效果都还不错。但较长一段时间后，如果出现以下情况：错过进餐时间则焦虑不安、食欲越来越旺盛、刚吃饭就想着吃下一顿、吃一餐后没吃饱反而勾起更强烈的食欲、少食多餐消耗了太多的时间和精力，那你就需要调整进餐次数了。有些人更适合一天吃 3 次正餐，每餐之间的时段食欲比较稳定，在改为一天进食 4~6 次后，反而出现食欲大增、老想着吃东西的情况。总之，你无论一天 3 餐、一天 4~6 餐，或者因为工作原因昼夜颠倒、进餐不规律，都不必过度担忧，只要尽量让一日总能量摄取保持稳定即可，其他方面都可以根据自己的实际情况进行灵活调整。

4.2 选择合适的食物

很多减脂者选择食物时只关注该食物能量的高低，很少关注食物的质量和营养密度。他们把一些真正高质量的、有利于减脂的食物排除在饮食之外，并严格地给自己设定一些条条框框，如“只能吃某食物”“绝对不能吃某食物”。大量研究表明，严格限制饮食虽然在短期内减脂效果明显，但不利于生理和心理健康，经过一段时间，人会变得越来越馋，就连以前不喜爱吃的食物如今也吃得津津有味，人的被剥夺感越来越强烈。多数人会在几年后恢复减脂前的饮食，体重自然会反弹。

这种僵化的二元思维模式给食物贴上了“能吃”或“不能吃”和“好”或“坏”的标签，本质上是犯了把原本复杂的事情简单化处理的错误。如果没有丰富的经验和知识储备，一味地严格限制食材的选择、追求完美和严格的饮食，那无疑是从一开始就把减脂饮食带向了“歧途”，弊大于利，最终以失败收场。

我的建议是，即使有减脂的时限，也不要明确限制食物选择。更明智的做法是在选择食物时充分给予自己自由，多体验和观察食用各种食物组合后身体出现的不同反应，看看哪个组合最符合自己的口味、习惯，哪个对自己而言最实用。

对食材的选择应符合社会文化、环境、经济、个人习惯和喜好，只有这样，才能长久坚持减脂。千万不要过分追求奇异、难得的食材和新奇的饮食法。我们关注的焦点应该是如何建立良好的饮食行为模式并使之成为一种生活习惯，而不是不能吃哪种食物。只有这样才能不会半途而废，得到想要的结果。

如何给予自己“食物自由”又不至于过分放纵？在这里，我建议大家遵守3个原则。

QNCI 原则：在符合个人实际情况的基础上，在日常饮食中增加高质量、高营养密度、中等能量密度的食物。

My plate 原则：在食物搭配方面需要参考此原则。

二八原则：对于传统意义上的“不健康食物”，应遵守此原则（注意摄取膳食纤维、维生素和矿物质）。

QNCI 原则

关于食物的选择，我们听到过许多人从不同角度出发提出的建议，例如减脂要吃某种特定食物。这相当于从单一角度看问题，这样的建议不够全面，而且到最后很可能出现变相节食的情况。所以，我根据自己多年的经验和知识储备，总结出了 QNCI 原则，即日常最实用的选择食物时需要考虑的 4 个要点。

Q 指高质量食物（high quality food）。高质量食物指未加工或经过最低程度加工的、安全的天然食物，如蔬菜、水果、全谷物、来自动植物的优质脂肪和蛋白质制品。

值得一提的是，在很多研究中，精制米面会被当作低质量食物，但在我看来，具体问题要具体分析。很多人认为在摄取的能量有限的情况下一定要吃高质量的食物，所以完全不吃精制米面。其实，高质量食物仅仅是从加工方式这一角度来给食物分类，精制米面可以和其他食物一样给人体提供营养素、能量。对肠胃消化不好的人来说，精制米面则更加友好。在特殊条件下，没有其他食物，只有以精制米面为原料做的食物，也可以吃它们来获取生存必需的能量。**所以，看到高质量食物和低质量食物的分类时，了解一下就可以了，千万不要**

完全否定所有低质量食物，搞“一刀切”，而要全面地看问题，具体问题具体分析。

N 指高营养密度食物（nutrient dense food）。营养密度是以单位能量为基础所含重要营养素的浓度，**即营养密度 = $\frac{\text{食物中的某种营养素含量}}{\text{该食物提供的能量}}$**，该公式体现的是能量和营养素之间的关系（当然，不同的研究人员有不同的计算方法，大家知道这件事就好，不用深究）。

例如，同样为人体提供 200 千卡能量的一份可乐和一份香蕉，可乐中绝大部分营养素是糖，几乎不含蛋白质、脂肪、维生素和矿物质，俗称“空能量食物”，属于低营养密度食物。而香蕉中的营养素就要比可乐中的营养素丰富得多，尤其是维生素、矿物质和植物化学物质种类丰富，因此，香蕉属于高营养密度食物。简言之，能量低的同时营养素含量高的食物就被称为高营养密度食物。

虽然我们可以利用营养密度计算公式准确地计算食物中的某种营养素密度，但是这只限于做研究，在实际生活中，营养密度公式的应用其实不多，因为我们不可能把某种食物中所有的营养素都全部计算一遍再吃。大家只需要知道，大体来说，蔬菜、水果等高质量食物都属于高营养密度食物，奶茶、可乐、糖果等精加工零食和饮料都属于低营养密度食物。

但是有一种情况需要注意，一种富含优质蛋白质、脂肪、碳水化合物、丰富微量营养素的低升糖食物，有可能因为其中的宏量营养素为人体提供了很多能量而被归为低营养密度食物。例如，乳制品所含的能量比蔬菜所含的能量高，乳制品的营养密度自然就较低，但这并不是说只吃蔬菜就够了，乳制品可以不用吃了。营养密度更适合用来衡量食物的微量营养素高低。

所以，即使在减脂期，也不能只考虑食物是否为高营养密度食物这一个方面。例如，深绿色蔬菜营养密度高，但所含能量很低，很多急于减脂者把蔬菜当作主食，导致碳水化合物的摄取量不够，这也不利于减脂和健康。另外，很多高营养密度食物不易消化，如易导致人出现胀气症状的某些蔬菜和全谷物等。

含有人体需要的所有营养素的“完美”食物根本不存在，一种食物即使营养密度高，也是有可能缺乏某种宏量营养素的。所以，即使某种饮食方法要求主要食用高营养密度食物，也有可能导致人体吸收的营养物质并不全面。这也是为什么很多网上流行的减脂餐，虽然含有颜色丰富的蔬菜、水果、粗粮，看起来很健康，但实际上还是缺乏一些人体的必需营养素。在日常饮食中，还需要继续考虑以下两个方面，才能尽量做到全面。

C 指明智取舍不同能量密度的各类食物（calorie smart）。能量密度指食物所含的能量与食物重量的比值。从能量含量的角度看，我简单地把食物分为低能量密度食物、中等能量密度食物、高能量密度食物 3 大类。低能量密度食物能量极低，其中主要含的是水分、膳食纤维。低能量密度食物主要包括黄瓜、番茄、大白菜等大多数蔬菜，以及一些号称“负能量”的减脂食品（如魔芋）等。中等能量密度食物一般包括未加工的谷物、薯芋类、豆类、肉类、蛋奶类制品、坚果、食用油等。简言之，就是能量来自食物本身而非添加糖和添加食用油的食物。这类食物只要烹饪方式恰当、食用量合适，即使多吃一些也不会明显发胖。高能量密度食物一般是精加工食物，如高糖高油的饼干、蛋糕、油炸食物、奶茶、碳酸饮料等。一般来说都是包装食品，配料中有大量添加糖、食用油、各种化学调味品和添加剂。

100 克黄瓜、牛油果的能量分别为 16 千卡和 160 千卡，我们可以说，黄瓜的能量密度比牛油果的能量密度低。但是，这并不意味着能量密度越低的食物越有利于减脂和健康，减脂时人们会下意识地选择能量低的食物是因为只吃能量密度低的食物减脂见效快。

减脂时只专注于吃能量密度低的食物而不在乎其所含营养素是否丰富，是饮食失调和其他减脂后遗症的关键诱因。

我的建议是，与规定某食物绝对不能吃相比，更好的方式是不以能不能吃作为唯一的标准，而是在日常饮食中以中等能量密度食物为主、低能量密度食物为辅，偶尔吃一些高能量密度食物来调节饮食结构。

I指个人情况（individual needs），最后这一点也非常重要，食物的选择必须符合个人的实际情况。别人吃起来合适的食物，或者带健康标签的食物不一定适合你。

例如，红薯、玉米都是常见的减脂食物，但你如果吃完后有胃灼热、胀气、反酸、腹胀、腹泻等症状，就说明它们并不适合你，哪怕这些是公认的健康食物。真正的健康食物不是被贴上“健康”标签的食物，而是吃完后使人身体舒服、有利于消化吸收、没有副作用的食物。不要因为“权威”或“别人都说”就忽视或怀疑自己身体的反馈。

我们来详细讲一讲高能量低营养密度食物和低能量低营养密度食物。

上面提到的精加工食物，如高糖高油的饼干、蛋糕、油炸食物、奶茶、碳酸饮料基本都属于高能量低营养密度食物。这类食物不是绝对不能吃，因为“绝对不能吃”的想法会导致对饮食的限制过于严格，长期下去会诱发饮食失调，最后报复性地食用这类食物。所以应该采取宽容、灵活的态度对待这类食物，可以偶尔吃一点儿，但不能作为每日常规饮食中的食物。对自己要求过于严格的人，要偶尔吃一些这类食物，这样有助于缓解减脂导致的过于紧张的精神状态。一般来说，越是不能吃的食物，对人的诱惑越大；而可以轻易吃到的食物，反而吃上几口，就没那么大兴趣了。另外要记住，人的身体具有很强的适应性，这些食物虽然营养素含量低，但不是毒药，偶尔吃一些不会给身体带来灾难性的后果，千万不要在潜意识里夸大吃了自认为不应该吃的食物所带来的负面后果。

低能量低营养密度食物（通常是号称随便吃也不会发胖的减脂食物，

如魔芋）既没有多少营养素又没有多少能量，主要作用是让食用者过嘴瘾，满足其既不想发胖又想多吃的愿望。即使这种食物能量低，也不能过量食用。吃太多的低能量低营养密度食物，容易给肠胃造成不必要的负担，非但不能为人体提供营养，反而会使消化器官负担过重。即使需要减脂，也不建议以此类食物为主，世上根本没有毫无节制地吃而不会发胖的美事。偶尔把这类食物作为辅菜以增加食物种类和提升口感层次还是可以的，但千万不要抱有可以靠吃这类食物减脂的想法。

My Plate 原则

这是具体到每餐如何安排各种食物的原则，在这里，为大家介绍两种比较简单实用的方法。

哈佛大学的“My Plate 原则”

一种为哈佛大学推荐的“My Plate 原则”，如图 4–1 所示。

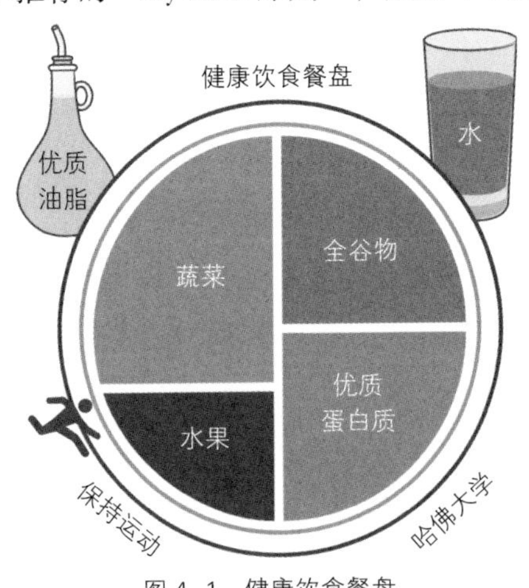

图 4–1　健康饮食餐盘

哈佛大学推荐的 My Plate 原则要点如下。

· 一餐中 1/2 的量为蔬菜和水果，蔬菜比水果多一些；一餐中 1/4 的量为全谷物，1/4 的量为优质蛋白质；优质油脂要适量（不做具体数量推荐，既不能不吃油，又不能吃很多油，可以参考配套食谱中的用油量）。不考虑各种具体情况、一股脑儿地选择“低脂”或“无脂”，于健康无益。

· 尽量不喝甜饮料，用水代替含有能量的饮料。

· 同时，保持规律运动，即尽量多走动、多活动，不要久坐。

当然，执行这些具体要求时不要照搬书本上的内容，要根据自己的身体反应灵活处理。例如，吃太多蔬菜后腹胀、放臭屁的症状频繁出现，那么就要减少蔬菜的食用量、适量食用蔬菜，既可以保证你获得人体必需的营养素，又不会导致你出现消化不良等症状。

我的“一碗端万能公式”

另一种方法，是我自己总结的“一碗端万能公式”，如图 4-2 所示。

标有①的，是优先级为 1 级的初阶食材。即如果没时间和精力准备太多食材，那么，就可以在这 4 类食材中的每类里选一种食材。如“糙米饭 + 油菜 + 鸡肉 + 橄榄油”。

标有②的，是优先级为 2 级的中阶食材。如果你有时间和精力，就可以在初阶食材的基础上添加或替换这些食材。例如，还是“糙米饭 + 油菜 + 鸡肉 + 橄榄油”的组合，可以再添加 1 个非绿叶蔬菜中的黄瓜，用红薯代替 1/3 左右的糙米饭，再用红豆代替 1/5 左右的糙米饭。这样，就变成了“糙米饭 + 红薯 + 红豆 + 油菜 + 黄瓜 + 鸡肉 + 橄榄油”的组合。至于添加或替换的分量，需要根据个人喜好与身体具体情况进行灵活调整。

标有③的，是优先级为 3 级的高阶食材。代表的是在保证了初阶食材和中阶食材合理搭配的基础上，还有意愿准备的话，额外可以添加的有助于消化吸收和肠胃健康的食材。当然，你可以只用标有③和①的食材进行组合，这没有硬性规定，根据个人喜好和手中食材灵活调整即可。

总结：如实在没时间做丰盛的饭菜，保证①的食材的种类齐全即可。如有余力，就加入②、③的食材。

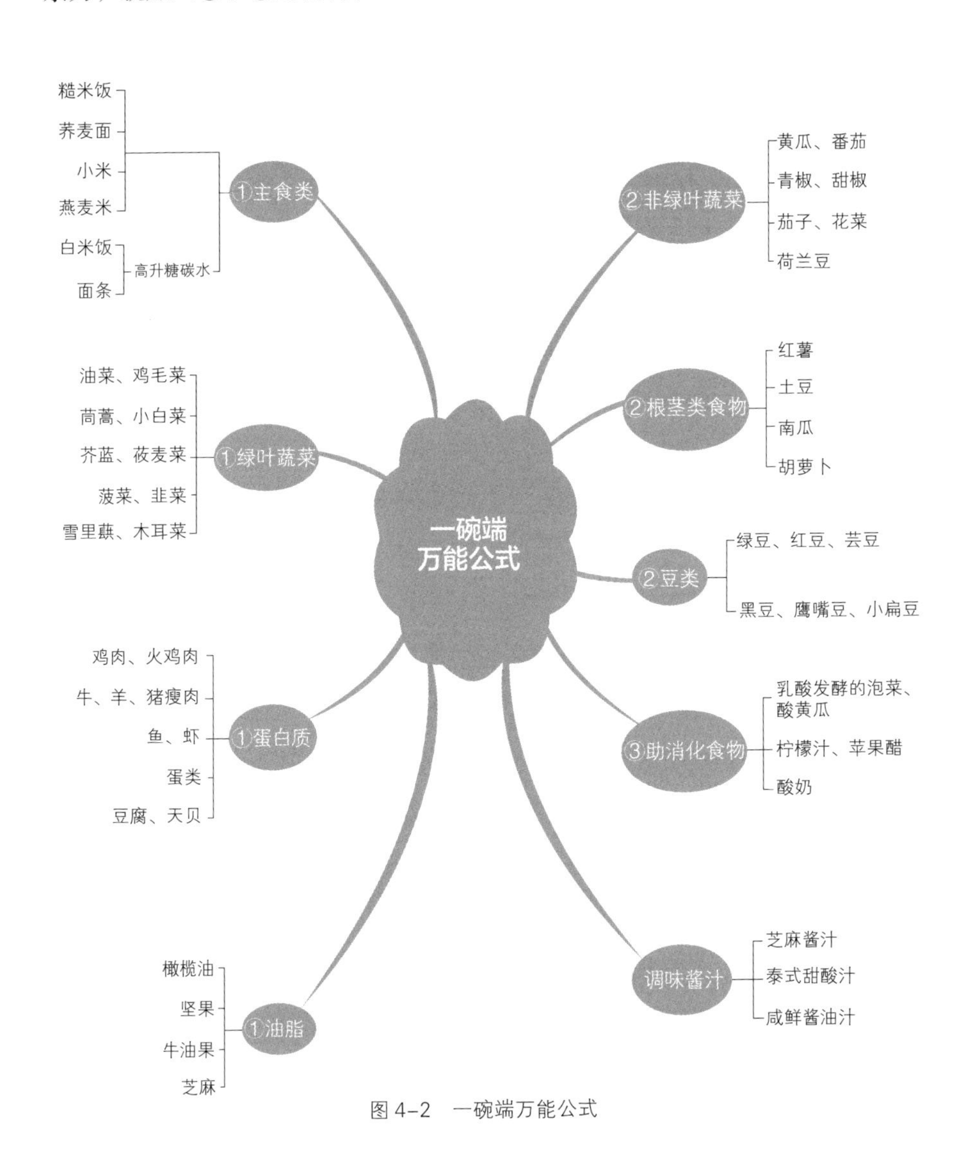

图 4-2　一碗端万能公式

酱汁：可以根据自己口味灵活搭配，下面列举3种简单酱汁的原料搭配。

芝麻酱汁

芝麻酱 ………………………………………………… 45克
无糖无盐花生酱…………………………………………… 15克
姜末……………………………… 1刀尖（不足1克）
蒜泥 ……………………………………… 1大瓣（5克）
酱油 ………………………………… 1汤匙（15克）
白醋 ……………………………………………………… 15克
鱼露 ………………………………… 1/4茶匙（1克）
香油 ……………………………… 1/4茶匙（1.5克）
辣酱…………………………………………………… 2克
黑胡椒粉 …………………… 1/4茶匙（不足1克）
鲜榨橙汁…………… 6小勺（40克，约1/2个橙子）

泰式甜酸汁

鱼露……………………………………………… 1.5茶匙
白醋 …………………………………………… 1汤匙
蒜泥 ……………………………………… 3克（1小瓣）
蜂蜜 ……………………………………………… 7克
柠檬汁或青柠汁………………………………… 1/2汤匙
海盐或食盐…………………………………… 1/2茶匙
黑胡椒粉……………………………………… 1/8茶匙
红辣椒（选用）………………… 1小根，切成小粒
清水 …………………………………… 2～3汤匙

咸鲜酱油汁

酱油 ………………………………………… 2 茶匙

米醋………………………………………… 1/2 茶匙

芝麻油……………………………………… 1/4 茶匙

红糖………………………………………… 3 克

蒜泥………………………………… 3 克（1 小瓣）

清水………………………………………… 1/2 茶匙

香菜……………………………………… 1 根，切碎

食材用量目测方法

以下分量皆为 1 人份，食材都是熟的。

主食

目测：手微蜷起来一捧的量，如图 4–3 所示。

分量：3/4 ～ 1 杯

图 4–3 主食的量的目测方法

蔬菜

目测：一拳头的量，如图 4–4 所示。

分量：1 杯或稍多一些。

图 4-4　蔬菜的量的目测方法

蛋白质

目测：手掌心大小的量，如图 4-5 所示。

分量：85 ~ 100 克。

图 4-5　蛋白质的量的目测方法

脂肪

目测：拇指大小的量，如图 4-6 所示。

分量：约为 10 克。

图 4-6　脂肪的量的目测方法

在使用目测方法测量食材的分量时，需要注意如下事项。

·使用目测方法的目的，是提供一个稳定的相对量，即对平时所吃的东西的分量做到心里有数，并不是说一定要按照这个量来吃。

·上述方法适合活动量不大的办公室女职员。如果是男职员，各种食物的分量都要增加一些。如果两周后觉得自己发胖了，减少一定分量即可。一段时间后，就能找到适合自己的分量。

·目测时，参照物是立体的手，例如手掌大小，除了手掌的长度和宽度外，还要加上手掌的厚度。

·如果时间有限，饭、菜、肉都可以用基础的烹饪方法做熟。例如，米饭煮熟；鸡肉煎熟；菜清炒或焯熟。酱汁味道丰富，能弥补饭、菜、肉、味道清淡的问题。

二八原则

这一原则主要针对的是“不健康食物”。减脂者经常会因为嘴馋而想吃各种零食等“不健康食物”，可是却总被告知减脂者一定不能吃不健康的食物。那么，不健康食物真的完全不能吃吗？

在前文中已经讲过了，没有绝对禁止食用的食物，因为只要生活在现实社会中，需要进行社交，单纯为了减脂而绝对禁止食用某种食物（宗教信仰和个人习惯除外）就是不现实的。这样做会增加人的挫败感，降低自我效能感。

因此，在吃所谓的不健康食物的时候要注意以下几点。

·注意总量和频率。不能把“不健康食物”当作常规食物，尽量遵循“二八原则”，即80%的时间吃较健康食物，另外20%的时间则可以灵活变通。

·吃的时候，注意膳食纤维、维生素和矿物质的摄取量。例如，炸鸡不是绝对不能吃的食物，但吃它的时候尽量搭配蔬菜等富含膳食纤维的食物，弥补“不健康食物”的通病，即膳食纤维、维生素和矿物质含量过少。

·放松心态。很多时候，吃几口所谓的不健康食物本不是什么大事，重要的是自己如何看待这件事。事后不断反思，后悔、焦虑、羞愧感交替出现，继而采取一些不恰当的方式（过度运动/节食/催吐）来“弥补”，从而引发一系列连锁反应，形成恶性循环。

一周日常饮食自检原则

对减脂新手而言，饮食能做到“总体健康”就好，不必过分执着于做到每个细节都完美，这样更利于形成长期健康饮食的习惯，即能量适中，营养素齐全，食材易消化、种类尽量多样化。大家不妨以下面的这些自检原则作为参考。

主食粗细搭配（米面与根茎类、豆类合理搭配）

·早餐和加餐通常时间较为紧张，可以选单一主食，如燕麦片、全麦面包等，也可以用少量水果替换部分主食，如燕麦片50克+苹果50克。

· 午餐和晚餐的主食应注意粗细搭配，例如白米饭 / 面食 + 薯芋类食物 / 豆类。搭配参考：大米 45 ~ 60 克 + 芋头 100 克 / 土豆 80 克 / 绿豆 35 克。

· 这样可以做到食材互补，既可以补充身体需要的营养素，又不会因为吃多了粗粮而胀气。

肉类混搭

· 一周中，可以在没有运动安排的一天吃蛋奶素（非必须），剩下的 6 天则以鸡肉为主。在这 6 天中，可以选其中两天的某一餐吃红肉、某一餐吃虾贝类，例如午餐是瘦牛肉，晚餐则可以吃虾，因为红肉的脂肪含量较高，虾的脂肪含量很低，两者可以在全天的脂肪摄取上起到互补作用；另外，选 1~2 天中的一餐吃鱼。

· 贫血的女生每周要吃 1~2 次动物内脏，例如鸡肝、猪肝等，每次吃 30~50 克即可。

脂肪种类合理

· 有关脂肪摄取的问题相对复杂，大家可以记住下面的简单方法：大多数情况下，每餐能吃到肉、每天吃 1 ~ 2 小把什锦坚果、炒菜放少量油、吃全脂乳制品和豆制品，就可以基本满足人体对脂肪的需求，同时使脂肪来源多样化，保证摄取不同类型的脂肪酸。

· 素食者需要从坚果、花生酱 / 芝麻酱、豆制品、食用油、牛油果中获取人体必需的脂肪。

蔬菜适量且多样

· 每天至少吃一次深绿色叶菜 + 菌类，其他如番茄、甜椒等蔬菜可以根据当天情况食用。

· 一周内吃 1~2 次藻类，如紫菜、海带、裙带菜、羊栖菜等。

· 注意，不要刻意吃大量含粗膳食纤维的蔬菜以撑大肚子使自己获得饱腹感。长期吃大量含粗膳食纤维的蔬菜，胃只会越来越大，核心肌群越来越松弛，导致肠胃消化功能减弱（身体的早期的警报信号如放臭屁次数增加、嗳气多、晚上肚子明显鼓胀等）。吃蔬菜固然好，但要适量，并且因人而异。

· 请记住，过犹不及，健康不是固化标签，也不是静止的公式。真正的健康没有绝对的标准，它是能随时根据实际需要灵活调整的、动态的，甚至蕴含一些表面看起来不那么健康但长期看来却是有益于健康的因素，只有对实际情况做具体分析， 才能真正做到有益于健康。

水果颜色丰富

· 每天至少吃一种水果，能吃两种水果尤佳。但要注意总量，如吃“1 根小香蕉 +1 个小苹果”，这没什么问题，但一次性吃掉半个大西瓜就有点儿多了。

· 除了最常见的苹果、梨外，注意多吃其他水果，如柑橘类、猕猴桃、草莓、蓝莓、木瓜、杧果、樱桃等，尽量做到种类丰富。

· 平时多注意把水果作为烹调材料加入饭菜中。这样既可以使摄取的碳水化合物种类更加丰富，又能和家人分享一个大的水果，不会因为饭后单独吃水果而碳水化合物摄取量超标，同时可以利用水果自然鲜甜的味道，丰富饭菜的味道和提升口感层次，减少糖等调料的使用量。

蛋奶制品

· 每天至少吃一个鸡蛋。

· 每天有乳制品摄取，如普通酸奶、希腊酸奶、牛奶、奶酪等。

大家不妨以这份日常自检单作为参考。

注意事项如下。

举例中的参考量是以日常活动量偏少的办公室青年女职员的平均能量需求作为标准的。大家可根据个人需要灵活调整，千万不要因为自己比举例中的参考量吃得多或少就有心理负担。

举例中的食材重量都为生重。

受客观因素如地域等制约，举例中的食材并非唯一的推荐食材。可以根据自己的居住地、经济情况进行灵活调整。

只要基本做到就好，大家可以根据自己的实际情况灵活调整。如果偶尔做不到这么全面，千万不要有心理负担。请放心，不会因为偶尔几次偏离轨道就导致减脂计划全盘崩溃，整体长期保持在稳定状态中才是最重要的。

其实，说到底，食材选择的难点不在于“吃某种食物或不吃某种食物”，而在于要考虑某种食物的数量、质量、吸收利用率，与其他食物的交互影响以及饮食质量。没有唯一的一种分类标准可以完全概括如何选择食物，重要的是理解每种食物分类标准的角度，不以某一种标准为绝对标准。

4.3 对肠胃友好

肠胃友好是减脂过程中经常被人忽视的问题，包括我在内，反复减脂前肠胃很好，只有反复减脂伤了肠胃后才意识到肠胃友好的重要性。可以说，肠胃友好是一切的基础，道理很简单，“消化”从字面上理解，即吃进去的食物要能“消”也能“化”。如果吃进去的食物不能被充分消化、吸收，那么营养素就得不到运化，器官就得不到养料，维持基本生理功能也举步维艰，更不要说长肌肉了。

请记住，增肌减脂、塑造体形是高阶需求，不是生存的基本需求。它是在身体健康、有体力能维持日常生活所需的基础上的更高的目标。如果伤了肠胃，身体虚弱，经常头疼、胃疼、关节疼、全身乏力，在这样的情况下，就不要考虑减脂了。

食材本身易于消化

对减脂而言，并非口感越粗糙的食物越好，也不是膳食纤维越高的食物越好。要注意粗粮与细粮之间的搭配，既不只吃粗粮，又不只吃细粮。尤其不要将豆子、根茎类食物作为全部主食。

如反复减脂后常出现肠胃消化不良的症状，如饭后腹胀、嗳气不断、放臭屁、晚上小腹格外鼓胀等，这时就要更加注意食材的选择。

烹饪方式有利于食物的消化吸收

凉食、生食、半生不熟的食物都不易消化吸收。年轻、肠胃好时偶尔吃也不觉得有什么问题，为了减脂长期这么吃，则会慢慢出现前文所述的消化不良症状，减脂效果会越来越不明显，身体反而更虚弱，运动能力降低，保持身材也就遇到了“瓶颈”。

要注意烹饪方式，有些食材需要煮到软烂，尤其是豆子、红薯、紫薯、玉米、糙米等不易消化的食物。肠胃不好的人可以试着用高压锅烹饪粗粮和肉类，吃经过高压锅烹饪的食物，胃会更加舒服，胀气情况也会减少。

食物的摄取量也会影响肠胃功能，过饥过饱都不好

减脂者的常见问题是饿的时候能忍就忍，训练后就暴吃一顿，长此下去，身体会出现胀气、嗳气、反酸、胃灼热等症状。要极力避免饥一顿饱一顿的情况，减脂不能饿着自己，也不要把运动当作狂吃的借口，尽量使每顿的食物摄取量保持稳定。

经常饥一顿饱一顿对肠胃冲击比较大，如果出现饭前胃疼、饭后胃灼热、饿了胃泛酸，那么减脂这件事就要搁置一旁，养好肠胃才是减脂的前提条件。

饭吃得合适和身体舒服的表现：感觉胃里暖暖的；单纯感觉吃饱了、不想再吃了，而非因为胃胀，撑得肚子难受而不吃了；吃完饭手脚暖和；吃完有满足感，不会吃完体积大的食物还感觉没吃饱；不会刚吃完饭就盼着下顿饭开饭；晚上睡得好，入睡快，不会饿得无法入眠，不会夜里老是醒来和醒了就饿得睡不着，不会在早上四五点钟时被饿醒。

4.4 “不节食，健康瘦”厨房常备食材

下面简单介绍一下“不节食，健康瘦”厨房常备的食材，如图 4–7 所示。

选择食材的总原则：食材颜色丰富，加工程度轻，种类多样化，尽量选择本地、应季和有机食材。

厨房常备食材

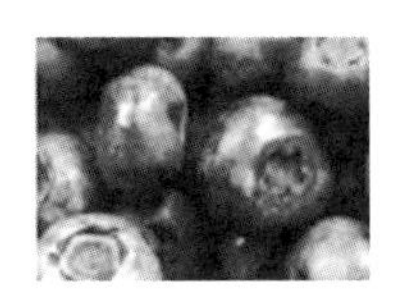

粮食类

- 燕麦
- 糙米
- 白米
- 小米
- 荞麦
- 紫米
- 玉米
- 薏米
- 黑米
- 糯米

面条

- 魔芋面
- 荞麦面

豆类

- 黄豆
- 黑豆
- 红小豆
- 芸豆
- 绿豆

其他碳水化合物

- 红薯
- 紫薯
- 土豆
- 山药
- 芋头
- 南瓜

干果

- 葡萄干
- 枸杞
- 桂圆
- 大枣
- 山楂
- 无花果干

烘焙原料

- 中筋面粉
- 全麦面粉
- 小苏打粉
- 无铝泡打粉
- 酵母粉
- 香草精
- 无糖可可粉

坚果种子

- 核桃
- 杏仁
- 花生
- 腰果
- 榛子
- 葵花子
- 南瓜子
- 白芝麻
- 黑芝麻

调味品

- 酱油
- 米醋
- 白醋
- 料酒
- 盐
- 红糖
- 蜂蜜
- 孜然
- 白胡椒粉
- 黑胡椒粉
- 五香粉

干货

- 莲子
- 百合
- 香菇
- 木耳
- 银耳
- 海带
- 紫菜
- 裙带菜
- 烤麸
- 虾皮
- 海米

油类

- 橄榄油
- 茶籽油
- 芝麻油

酱料

- 番茄酱
- 芥末酱
- 花生酱
- 芝麻酱
- 酱豆腐

蛋奶制品

- 鸡蛋
- 牛奶
- 羊奶
- 无糖酸奶

其他

- 泡菜
- 酸菜
- 绿茶
- 花草茶

冷冻食品

- 冻玉米粒
- 冻豌豆粒
- 冻熟鸡肝
- 冻豆腐
- 冻毛豆
- 冻水果
- 冻虾仁
- 冻鱼排

罐头类

- 笋片罐头
- 荸荠罐头
- 玉米粒罐头
- 番茄酱罐头
- 熟红豆罐头
- 熟黑豆罐头
- 金枪鱼罐头

零食

- 黑巧克力
- 能量棒
- 牛肉干

图 4–7　厨房常备食材

图片说明如下。

· 图中的 16 大类并非严格按照学术要求分类，分类依据是在综合考虑食材所含营养素、人的日常习惯、在超市的摆放区域、人的储藏习惯等实用性因素的基础上划分的，例如，花生其实属于豆类，但在日常生活中，大家习惯将其放在坚果类里。另外，很多食材的分类在学术界颇有争议，所以就不用细究这些了，本书以实用性为主要考虑因素。图中的食材为基础版，即级别为最优先级，也就是可以最优先考虑购买的食材。特点是家常、易采购、地域限制和季节限制低。

· 图中食材囊括了绝大部分常见的用于健身的初阶食材，初级健身者可以将其作为参考。

· 常备食材的特点：耐存放、不易变质和可应急。可应急指在没有太多时间做饭的情况下，也能吃上健康的食物。

· 每一类食材不必全部备齐，根据自己的实际情况酌情选购即可。

· 虽然图中非加工的天然食材占绝大部分，但并没有完全排除加工食品。因为，完全不吃加工食品既不现实也没有必要。加工食品并非一无是处，利用好了就能节约时间，为下厨提供更多方便。

第5章

健康瘦的生活方式

在上一章的开篇，我提到“健康瘦 = 健康饮食 + 良好生活习惯 + 合理运动 + 好心态”这个公式，并且对其中的健康饮食因素进行了详细剖析。在这一章中，我将对另外 3 个因素进行全面解读。

这 3 个因素在某种意义上都可以被认为是日常生活中的细节。其实，日常生活中的一些细节经常被大家忽略。很多减脂者往往会忽视“运动多了会饿”“吃不饱就睡不着”这样的生活常识。下面我所说的内容可能在很多人眼里都是“废话”，但就是这些不吸引人的目光、常为人所忽视的亘古不变、人尽皆知的最朴素的道理才是长期健康瘦的秘诀。

也许你会疑惑，为什么这些秘诀，如多睡觉、多喝水、多晒太阳等常识被宣传得很少，宣传得更多的是包装精美的营养素补充剂、运动饮料和层出不穷的新型健康产品呢？很简单，因为它们几乎人尽皆知，也就没有商业价值。写这本书不是商业行为使然，而是想告诉大家最普遍的规律。

在健身界，流行这样一句话：三分练，七分吃。这种通俗易懂又朗朗上口的标签式语句易为人们所接受，但最大的缺陷是把复杂的事情简单化、片面化，导致很多人从字面意思上去理解，进而把饮食放在最重要的位置。

其实，现实情况是复杂且多变的，没有哪个因素能起或者一直起决定性作用，下面要说的这 3 个因素中的任何一个，你都要尽力做到最好，使它们和谐发展，才能长久保持健康瘦。

5.1 良好的生活习惯

睡眠

睡眠至关重要，请务必重视。在某种程度上而言，睡眠和饮食同等重要，甚至有时候比饮食还重要。例如，靠吃东西仍不能缓解的食欲问题可以靠睡眠来改善和缓解，很多时候，嘴馋、烦躁等问题只不过是因为身体过度疲惫需要睡眠休息。但是，人们在过度疲惫时很难识别到需要睡觉的信号。

除了明显的困到睁不开眼睛以外，感到无聊但什么都不想做、明明不饿但是很想吃东西、莫名发脾气、拖延、学习工作效率低下、无法集中注意力，都可能是身体在告诉你这时候需要睡觉，哪怕小睡 20 分钟也可以使以上情况得到改善。但可能是人们从小习惯了如此，竞争的压力导致休息的时间少，明明已经身心疲惫还是硬撑着，效率不高地学习和工作，仿佛唯有如此才能赢，很多人会对自己多睡一会儿的行为有负罪感。

睡眠时间尽量规律，每天应保证 7~9 小时睡眠。规律运动，且运动强度越大，睡觉时间应越长，8~10 小时为佳。如果习惯于晚上锻炼，在下午睡一会儿，则有助于提高运动表现。如果做不到保证睡眠时间，那就没必要进行吃营养素补充剂等进阶行为。

睡觉能促进运动后的身体自我修复，减少身体炎症反应。降低皮质醇水平，缓解压力，以及减少小腹堆积的赘肉。睡觉可以促进肌肉的生长和肌肉量的增加。同时，睡眠有助于清理大脑能量代谢的产物（如腺苷），消除疲劳感，恢复精力，保证情绪稳定。其实，疲劳感是由代谢产物如腺苷在人体内的积累造成的，大脑觉得是时候用睡觉来清理体内的代谢产物了，人才会有困乏的感觉。虽然不可能人人都如科学家一样了解人体内部的运行机制，但对自己最原始的本能的基本信任还是可以做到的，很多科学实验的目的就是给人的原始本能提供科学依据，如“累了要睡一会儿”“口渴就喝水、不渴就不喝”等。

人要学会休息，掌握“休息—干活—休息—干活”的节奏，而不是依靠蛮力，累了还硬撑着，低效率地学习和工作。

喝水

在减脂中，水也很重要，例如，体内水分充足，新陈代谢就较快，缺水会导致脂肪堆积；喝水能提高运动表现，轻度脱水会导致肌无力；喝水可以促进食物的消化和吸收，营养吸收得好，有利于训练后的身体恢复；喝水能预防运动损伤，水是关节、韧带、肌肉的润滑剂，缺水会导致其磨损增多、关节活动度减小，进而影响运动表现。其他作用还有调节体温、防止中暑、排毒、通便等。对维持人的生命而言，水的重要性仅次于空气，因为它随手可得，所以总被人们忽略。相反，很多吸引人目光、带着健康光环的饮料总能得到大家充分的关注。

社会上流行的几种说法如每天喝 8 杯（2~3 升）水、早上空腹喝水或饭前喝水利于减脂等。不能说这些说法是错误的，只是需要因人而异。减脂者的最常见的错误做法就是喝太多的水。因为他们普遍认为水既没有能量，又能撑肚子，而且还能产生饱腹感。

我之前也是这样，从只喝甜饮料进入了另一个极端：使劲喝水，如牛饮水，咕咚咕咚一口气喝下一瓶水。但是，这样做会导致我经常一晚上起夜 2~3 次，影响睡眠。

我曾收到过一个网友留言，大概意思是，她在认识到喝水的重要性后，开始多喝水，每天早上空腹喝 1 升多的水，以至于胃出现了问题。

还有一个朋友听说早上空腹喝柠檬水能减脂。因此，她每天早上喝一杯浓稠的柠檬水，直到出现胃灼热的症状。那么，对减脂者来说，到底喝多少水、怎么喝水才合适呢？

人体内的水分含量由神经系统与内分泌系统共同调节，体内水分过少时，血液渗透压升高，刺激下丘脑的饮水中枢，进而产生口渴的感觉并发生喝水行为，增加水的摄取量。下丘脑的一些神经细胞会分泌抗利尿激素，这种激素储存于脑垂体后叶，需要时才由脑垂体后叶释放入血液中，可以提高肾小管与集尿管对水的通透性，以增加水分再吸收，减少水分排出。

用一句话概括，就是“多补水，渴了就喝，不渴不必强行喝”。因为在短时间内喝水过快、过多会对身体造成不良影响，甚至可能引发水中毒，即稀释性低钠血症，严重的可导致人的神经系统永久性损伤或人死亡。

关于运动补水问题，目前有很多的研究，有的研究项目可以精确到按体重、按季节、按运动项目和时长、按室温来计算喝水量。对于普通人而言，没必要也没精力做得这么细致，如果你是户外运动爱好者或是室内健身爱好者，就需要比普通人多注意一下喝水问题。

相关的科学研究摆出大量的实验数据，以证明一些所谓的生活常识是有科学道理的，如对喝水的研究结果就是普通人可以“渴了就喝，不渴就不喝”，多补水但是不要拼命补水，只要别忘了喝水就行。其实，如果看多了关于运动饮食的研究文献，就会发现很多事最后绕了一圈，还是会回到“听从身体的信号”这个起点，与纯感性的结论不同的是，这种“听从身体的信号”的结论有科学实验数据作为支撑。

每个人的体重、年龄、肠胃情况、每天的活动量、出汗量都不同，实际情况要因人和环境而异。最实用简单的方法是观察小便颜色。小便几乎没有颜色或是淡柠檬色，说明体内水分充足。如果小便颜色比较深（刚吃完维生素补充剂除外），就说明应该补充水分了。

关于喝水，初学者不妨按以下要求去做。

· 运动后及时补水。

· 夏季进行户外运动时注意补水。

· 早上起床或餐前喝一小杯水。

· 吃得过咸、过甜都要及时补水。

· 在不影响睡眠的情况下，睡前喝几口水。

· 了解速瘦减掉的大部分是水分。

· 将水杯放在眼前，这样不会因太忙而忘记喝水。

· 了解水肿不是因为喝水，相反喝水有助于缓解水肿。

· 如果觉得水没有味道，加些柠檬、薄荷、陈皮、枸杞调味。

· 运动前 20 分钟注意补水，运动中根据实际情况少量多次补水。

·吃饭速度过快、吃蛋糕等甜食控制不住食用量时,喝几口水冷静一下。

初学者应避免以下情况。

· 用饮料代替白开水。

· 咕咚咕咚地灌水喝。

· 减脂时肚子饿，用水代替食物。

· 把咖啡、浓茶等含咖啡因的饮品的摄取量算入饮水量。

· 把职业健美运动员备赛脱水以增加肌肉令肌肉线条明显的方法用在自己身上。

· 把口渴当成饥饿。轻度脱水也会有想吃东西的感觉，如果距上一顿饭没有超过两小时，且没有生理上的饥饿感，出现胃部紧缩、咕噜响等现象，先喝少许水，如果 10 分钟后还感觉饿，再吃点儿东西。

晒太阳

晒太阳相对简单一些，可说的不多，需要注意的一点就是不少女生过度怕晒黑，所以不仅常年出门时涂抹防晒系数极高的防晒霜，还把自己裹得严严实实，甚至帽子都要用罩住脖子的。这样做有可能导致年纪轻轻就出现身体缺钙的情况，即便如此，她们也不喝牛奶，只考虑吃钙片来补钙。

其实，晒太阳对人体有很多益处，太阳是万物能量的来源，人从出生的那一刻起，就需要阳光的滋养。太阳光可以有效地促进血清素分泌，血清素是调节食欲的重要激素；还可以调节褪黑素的分泌，对习惯夜间进食的人而言尤其有帮助；可以缓解忧郁、低落的情绪，以避免情绪性进食。在布满绿色植物的环境中散步、晒太阳，可以改善心情，减少因抑郁而暴饮暴食的情况。

骨骼健康是体形健康美的基础，骨骼健康，才能有挺拔的身姿，紧实、笔直、有力的双腿，才不易驼背、罗圈腿。而节食会导致骨密度降低，有损骨骼健康。保持骨骼健康的关键是进行规律的抗阻运动、晒太阳、健康饮食。将皮肤暴露在阳光下可以促进身体合成维生素 D，而维生素 D 可以促进人体对钙的吸收。

当然，不是说夏天也要在太阳下暴晒，而是说不必过度防晒。在不被阳光灼伤的前提下，尤其是早上和上午阳光不太强烈的时段，尽量让皮肤接受阳光的滋养。

避免接触环境内分泌干扰物

环境内分泌干扰物是一种来自人体外、可以干扰或抑制人体内分泌、神经、免疫和生殖系统功能的物质。生活中无处不在的环境内分泌干扰物是目前人类生殖障碍、出生缺陷、发育异常、代谢紊乱以及某些恶性肿瘤的发病率升高的原因之一。为尽量避免接触环境内分泌干扰物，你应做到以下几点。

· 选用高质量的个人洗护用品、清洁用品、厨具和餐具，尽量吃有机食物。

· 使用不含双酚 A 的塑料制品或尽量不用塑料制品。

· 不使用一次性塑料餐具，不用泡沫塑料容器，不用塑料容器加热食物。

· 尽量不使用发胶、指甲油、染发剂、室内杀虫剂，尽量少用化妆品，不使用香味过浓的洗衣液、垃圾袋、空气清新剂等。

· 尽量不使用具有防水功能的产品，尤其是与皮肤直接接触的产品，如各种防水化妆品。

· 使用不会产生有毒物质的不粘锅或尽量少用不粘锅。

· 避开含生长激素的乳制品、重金属污染的海鲜。

做到以上几点，就能减小与环境内分泌干扰物相关的生殖系统疾病、甲状腺疾病、肥胖症、糖尿病、癌症等疾病的发病率，减少对后代的不良遗传影响。

5.2 合理运动

兴趣大于功利目的

没有运动习惯的初学者，最重要的是培养运动的兴趣，而不是一开始就逼迫自己每天必须运动、运动多长时间、一定要做某种运动等。

兴趣是所有能常年保持运动习惯的人的秘诀，而功利目的暂时有益于身体而长远来看则不尽然。简单来说，就是要抱着好好运动、快乐生活的想法，而不是投机式地运动。

对减脂者来说，也需要改变“想减脂就要做某种运动”和“最‘虐’的运动瘦得最快”的想法，没有哪种运动一定有效，最有效的是可以长期持续下去的运动。对初学者来说，应多尝试不同的运动，室内、户外、个人、团体、协作、对抗运动都要尝试，找到自己最感兴趣的、最能感到快乐的运动，对于自己不感兴趣的运动，不要逼迫自己去做，尤其是不要勉强自己去做使自己感到痛苦的运动。“自我虐待式”的运动很可能导致身体出现各种伤病和对运动的排斥。

初学者和有经验的人一起运动更易坚持下去，人是社会性生物，需要其他人的陪伴和支持。但是需要注意的一点是，在一起运动应注重运动质量，忽略孰快孰慢，孰轻孰重。

避免“打了鸡血”似的打卡行为，或发誓每周一定要运动多少时间。随意“起誓”的人多半会“三天打鱼两天晒网”，降低自我效能感。要尊重自己的每个决定，言出必行，否则就不要轻易做出承诺。

力量训练 + 有氧运动 + 锻炼关节功能

无论做什么具体运动，如杠铃操等，应兼顾着力量训练、有氧运动和锻炼关节功能，不能忽略其中任何一个。

但不建议初学者在完成力量训练后马上进行半小时有氧运动，虽然这样做减脂效果明显，但平台期来得也快，容易令初学者产生倦怠情绪。集中进行大量运动所取得的减脂效果通常会因随后身心疲惫终止运动而抵消。

循序渐进

如果初学者刚接触运动时，出现心慌、头晕，运动后几天感到特别疲劳、困倦、体力变差，有可能是因为运动量过大。

需要注意的是，“运动量”是没有可比性的。对常年运动的人而言，天天运动都不会有问题，而对从不运动的人而言，可能只运动了半个小时就已经疲惫不堪了。所以，要与自己比，不要与别人比。每周运动量增加幅度不超过20%，既可以指时间，又可以指强度，例如，本周运动了120分钟，那下周增加的时间就不要超过24分钟，即总时间不超过144分钟。

因饮食失调造成的“内伤”，或因运动不当造成的“外伤”，无一不是违背了循序渐进的原则导致的，请对自己多一些耐心。

通常来说，每周进行150分钟中等强度运动或75分钟高强度运动，或二者混合进行，可以防止增重。每周进行225~420分钟中等强度运动，可以明显减少体重。每周进行150分钟中等强度运动，可以防止体重反弹，效果不明显；每周进行250~300分钟中等强度运动，可以防止体重反弹，且效果非常明显。

超重者或肥胖症患者在运动初期，可以每天进行30~60分钟，每周进行150分钟中等强度运动。待身体适应后，可以进阶为每天进行50~60分钟，每周进行 250~300 分钟的中等强度运动，或每周进行 150 分钟高强度运动，或二者搭配进行。实在没有时间运动的人可以每天抽时间运动，每次持续 10 分钟左右，累积到全周运动时间里。平均来说，每周最少通过运动消耗 2 000 千卡，可以收到明显的减脂效果。具体的运动时长、运动量还要因人而异。

质量高于数量

在饮食和运动时，质量要高于数量。一味追求数量意义不大，反而易变成“为了做而做”。例如，虽然吃饭时摄取的总能量可能没有超标，但食材的质量偏低（既可以指食材本身营养密度低，又可以指加工方式导致食材质量低，或者食物搭配的质量低）。运动时，牺牲动作质量换取动作数量也是错误的做法，正确的做法是宁愿做一个质量高的动作也不做 10 个质量低的动作。

当减脂者更重视运动的数量时，虽然短期内减脂见效快，但容易遇到“瓶颈”，很难再进步。当无法再进步时，人往往就容易采取较为激进的手段。

劳逸结合

前面讲过睡眠的重要性，除了睡眠外，休息也很重要。休息指在身心和饮食上得到放松，它是一个消除或减轻疲劳、恢复精力的过程。休息是整个减脂过程中必不可少的一部分，会休息的人，才能更好地减脂。我们是人，不是机器人，即便是机器人，还需要充电呢！不要被过度“自律”绑架，不顾自己的身体拼命运动，最终只能害了自己。

不必担心休息会耽误你的计划，恰恰相反，好好休息有助于你的状态回升，更好地进入下一个环节。饮食也一样，适度放松，不必紧绷神经，也不要纠结什么能吃、什么不能吃等，这样，食欲反而会更加稳定。

5.3 保持好心态

我所说的好心态，类似于前文中讲到的心灵维度健康，是健康瘦的深层“地基”。心态好，减脂时的整体行为会比较稳健、持续性强；心态不好，则多会在减脂时走入误区，从而引发一些健康问题。

一提到减脂，多数人都会关注如何完成饮食和训练计划，很少有人关注减脂时的心理疏导、压力管理。我认为不能达到目标的根源并不是饮食和训练计划本身有重大缺陷，而是人们对于根本的东西——心态、思维方式等，这些对减脂效果有着重要影响的因素的漠视。

确保动机正确

开始减脂计划之前，我们要做一件事，即深入剖析自己的减脂动机，或者说减脂的初衷。虽然表面上做着相同的事情，但背后的动机不同，就可能导致最终的结果大相径庭。

我希望每个人开始减脂前都能慎重地思考自己改变身材的动机：是对自己体形的讨厌和憎恨，还是对自己的理解和爱？

如果你讨厌自己腿粗、讨厌肚子上有赘肉、每当看见镜子里自己的身材就自惭形秽、深深自责，那你减脂的动机很可能是因为不喜欢、不能接受自己现在的样子，想要变成想象中的理想形象。

一旦厌恶自己身材的情绪占据主导地位，就容易做出冲动、激进的行为。例如，你会讨厌自己吃饱饭这件事，吃完饭就后悔不已，并决定通过明天不吃饭来减脂。或者未经调查研究就效仿和采用“别人用后立马瘦了好几千克”的方法，这些行为都是你的短视、片面的思维方式在作怪。在这种情况下，你所采用的减脂方法都是短期有效但不可持续的。因为对食物和身体都采取对抗的态度，精神紧张，做事情的目的是掌握对身体的绝对控制权，让饮食和运动都处于想象中的完美状态，不接受或者逃避达不到理想状态的现实。这样持续下去，人就会崩溃。

人由自卑、羞耻感、恐惧感、不服输所产生的力量的确是一种能让人改变的强大力量，但我称之为“黑暗力量”，因为它的底色是阴暗的。这种“无论吃多少苦，我也要怎样”的想法，会让人变得极度盲目、无视或者忽略很多正确的方法、谨小慎微、害怕出现差错和不能成为理想中的自己。这个时候，如果你恰好是一个格外自律、意志力很强的人，这股“黑暗力量”在早期也许会让你如愿以偿，但会越来越扭曲和颠覆你的认知，最终让你自我毁灭。这种力量越强，你越自律，毁灭性就越大。例如，在减脂“蜜月期”后，陷入常年饮食失调、抑郁症的困境中走不出来，更有甚者，因此结束了自己年轻的生命。

从爱出发又是什么样呢？首先你是爱自己的，在这里需要注意的是，爱和自恋并不一样。爱是能够无条件接受自己本来的样子，相信自己的身体有能力成长得更好，它的底色是明亮的。对自己满意程度较高、消极情绪较少。有减脂想法是因为认为自己的生活质量还有可以提高的空间，希望吃得健康是为了摄取食物中各种的营养素以更好地滋养身体，而不是用美好的身材、“好看”的健康餐寻求暂时的安全感、优越感，成为别人眼中的优秀分子或高人一等的样子。

这种认知方式让人拥有强大的面对挫折的能力，因为它会让人在受挫时保持心胸宽广，意识到失败背后的是成长。

其实，很多因为节食导致饮食失调的人身上有很多优点，例如，决心和行动力较强、对事物要求较高、做事追求尽善尽美、忍耐力较强、对细节敏感、执着、勤奋等。但是，对自己的过分苛求，反而让自己身上的状态成为吞噬自己的武器，甚至在受伤的情况下也不愿停下脚步，越努力，在错误的道路上走得越远。而从爱自己出发，这些优点会帮助自己更好地成长。希望大家都能不被负面情绪所裹挟，而在对自己的“爱”中更好地成长，快乐地生活。

认清本质

简单谈了减脂的动机后，再来谈一下看清问题的本质这件事。流行减脂饮食法的特点都是初期减脂快，减去的多为水分，很快就会进入平台期，以至于不能长久坚持。

看问题要善于抓住本质，否则只会这次认识到苹果减脂法没有效果，下次就用土豆减脂法，一生都在尝试各种方法减脂。回想一下，其实以前数次减脂失败的本质就是：让你暂时瘦下来的饮食法和生活方式无法长久、稳定持续下去。

如果你的目标不是昙花一现的美丽，而是长期保持健康身材，那就要找到一种欢愉的、可以持续的方法。说得直接些，吃饭是本能，人不可能长期节食挨饿，就像不可能仅靠毅力就能一直不睡觉、不上厕所一样。

此外，人具有社会性，饮食禁忌过多会令你在实际生活中寸步难行，你总有“破戒”的一天。一旦破戒，很多人就会“破罐子破摔”，重拾旧习惯。所以，可持续的秘诀就是饮食要灵活、有弹性、不给自己设限，从“我绝对不能吃某种食物”的思维转变到“没有什么是我不能吃的，只要注意总量就好”。

所以，健康瘦不可能在“我在吃某种减脂餐减脂”这种直线性思维指导下的饮食法所能实现的。这也是我花很大的篇幅讲解减脂原理的原因。我不希望读本书的你把我的方法当作“另一种减脂法”，然后浅尝辄止，重拾旧习惯。

我要告诉你的是，没有任何一个减脂法或者减脂食谱可以保证你长期健康瘦而不反弹。这个世界上根本没有“万能”的减脂食材、减脂餐和饮食法，所有减脂成功后能常年保持较理想身材的人，无一不符合健康瘦的基本公式：健康瘦＝健康饮食＋良好生活习惯＋合理运动＋好心态。

具体到个人，还要结合前面章节讲到的各种影响因素，如文化、社会、经济、个人习惯等因素，根据自己的优势和劣势，在减脂过程中摸索出适合自己的方式，慢慢调整，使其成为生活的一部分。

> 众所周知，健康饮食和运动可以改善身体健康状况和减缓压力，但是，如果过度执着于健康饮食和运动，则会给人带来更大的压力，抵消其对生活、工作、学习的正面影响，甚至带来更大的负面影响。

3种好心态

初学者在还没走太多弯路时，不妨倾听以下建议。虽然可能在减脂上吃过亏的人才能理解某些建议，但对初学者来说，越早知道就越可能避免走弯路。如果这些问题不解决，无论是饮食方面还是运动方面，或早或晚都会出现更多问题。

别太拿自己当回事，切忌过度关注自己

这也是我时不时和自己说的话。之所以把这条放在第一位，是因为在减脂中遇到的几乎一切与情绪、心理相关的问题，如身材焦虑、饮食失调、躯体变形障碍的原因都可以追溯到人的“自尊”。在现实社会中，人需要知道“自己的存在是有意义、有价值的，自己是被人尊重的”，这就是心理学上常说的“自尊”或“自尊感”（和日常生活中说的自尊、自尊心有区别）。

一个人如果有清晰的自我认知，对自己的评价不需要建立在别人的评论之上，能肯定自己的价值，自我接受程度和喜爱程度高，有安全感、归属感，即

为高自尊的人。即使遭到否定、遭遇拒绝和失败，也比较乐观和豁达，不会下意识出现防御或攻击行为。拥有这种健康的心理状态，就不会因为外界的批评而难过，也不会因为别人的赞扬而沾沾自喜，即不以物喜、不以己悲。例如，对自己身材的胖瘦、美或丑的认知不需要别人来肯定或否定，不会因为别人一句“你胖了”就深受打击，觉得自己真的变丑了、不受欢迎了、不会被在乎的人喜爱了，等等；也不需要通过别人羡慕地说“哇，你身材真好”来肯定自己的价值和确定自己受人欢迎，拥有足够的安全感。

相反地，低自尊的人对自己的认知是不确定的。总觉得自己很差，认为自己的存在价值低，是不值得被爱的。例如，把胖瘦和自己的价值捆绑在一起，认为胖是非常不好的事，是不会被喜欢的人接受的。

比较普遍的情况是，由于生理特征如激素分泌特点等因素，相比男性而言，女性对自己的身体接受程度偏低，对自己身材的认知更加依赖外界的影响和评价。相比于客观看待体重数字、身体围度，更重视和其他人（明星或模特）比较的结果。对女性来说，尤其是青春期的女孩，对自己身体接受程度的高低与自尊感的强弱有强关联。令人欣慰的是，这种情况已经在改善，通过学习各种科学知识，以及不断成长成熟，女孩们逐渐意识到自我价值不必和身材挂钩。

除了高、低自尊外，很多人还处在“异质性高自尊”状态中，这是一种不健康的心理状态。异质性高自尊的最大特点是对于外界评价特别敏感。对自我的认知受外界的影响很大，与低自尊者觉得自己很差不同，异质性高自尊的人心里是肯定自己的，觉得自己的存在价值高，但需要不停通过各种方式寻找、证明自己的价值、优越感和存在感，一旦被否定，就会表现出情绪不稳定、具有攻击性的特点，即通常说的心高气傲、受不了一点儿不如意。

除了真正热爱运动的人，很多人最开始决定改变饮食和增加运动，一般是因为受到了某些“刺激”，尤其是疯狂投入到改变身材行动中的人，其行为的本质是外界的刺激导致自我认知失调，所以才会调整行为、寻求改变。例如，一向认为自己身材不错，突然发现照片里的自己和想象中的自己差距太大，“我腿怎么这么粗？”“肚子怎么这么大？”；或者和同一张照片中的其他女孩比起来，觉得自己比她们胖不少；再或者，因为别人一句对自己的负面评价的话而备受打击。不能容忍真实的自己和想象中的自己不相符合，一定要现在的自己变成想象中的自己。

同样，在减脂的过程中，异质性高自尊的人也会因为其特有的心理状态而不能真正聚焦在正确的事情上。例如，只有在自己具有明显优势的时候，才觉得自己很棒。遇到比自己强的人时，就会觉得自己一无是处。在饮食、运动、体重等方面时刻在与别人作比较：不能看见自己真正的需求，而把“比较”“优越感”当作自己最大的需求，时刻要和别人比，看看自己是不是吃得比别人更少 / 更多、运动的时间是不是比别人的长、举的重量是不是更重、体重是不是更轻。

时刻与别人比较的代价就是忽视了真正应该关注的内容，比起做好自己的事，竞争中的赢和由此而产生的优越感即我比你强更重要，这一心理特点会引发很多错误的减脂行为。例如，牺牲运动质量换取运动数量。明明是因为运动强度太大导致动作变形，也不肯降低运动强度。明明饿得几乎支撑不下去了，也不能比别人吃得多，这也是很多饮食失调的人会偷偷吃东西的原因之一，在别人面前一定要展现完美的形象。再例如，患上“健康食品综合征”，无法识别什么食品是真正对自己有利的健康食品，吃的只不过是安全感和优越感。

另一种情况是，即使牺牲自己的真实需求也要满足别人的期待，仿佛唯有如此，才能感到自己是有价值的，即常说的“死要面子活受罪”。行为与思想常常不一致，出现羞耻感、焦虑、极度渴望某事又竭力阻止自己的矛盾感。言行不一致的人的内心是非常痛苦的。

例如，健康饮食虽然正确，但有一种现象不得不加以注意，即“健康商业化”。在市场过度包装下，“吃得健康”被赋予了更多功能，如“社交货币”

功能。简单来说，就是吃同样东西的人更容易互相产生认同感，或者说“健康饮食”变成了一种身份、品位的象征，在社交时能获得更多的优越感。所以就有了利用明星、健身模特与产品形象发生关联，诱导消费者、粉丝购买该产品，让人觉得吃这个产品，身材就能变得和他们的一样好而为人所羡慕。或者哪怕不爱吃沙拉，也要在朋友圈发一些漂亮的轻食照片，营造自己在别人眼中“生活品质高”的形象，做事的出发点都是赢得别人的羡慕、赞扬，以至于忽视自己真正的感受，使健康餐变成一种负担，人逐渐“异化”。

担心真实的自己不能被人所接受和喜爱，所以总想营造出符合大众期待的形象。并且担心形象一旦被打破，就会遭到周围人的嘲笑、冷落，以至于颜面扫地。所以，看起来总是活得过于“正确”，其实，真实的情况是活得特别累。健康饮食和运动看似是为了健康，其本质不过是获得优越感的工具。一旦减脂这件事被私欲裹挟，利用饮食和运动满足自己异化的自尊感，就一定会受到其“反噬”，导致各种“内伤”和“外伤”，深受煎熬。

其实，解决办法非常简单，问问自己“如果当我进行健康饮食和运动时没有人看着我，不会得到任何的关注、赞扬，我还会不会继续做这件事？”，如果答案是肯定的，那才能说明你真正热爱这件事。就如同穿一件名牌衣服而没有一个人意识到这件衣服是名牌，没有人知道这件衣服值多少钱，不能彰显你的经济实力和社会地位，你不会因此被别人羡慕，你还会不会花重金买这件名牌衣服？还是会买更实惠、更舒服的衣服？

还有一种情况是太拿自己当回事，过度的自我关注，即“自恋”，自我感觉良好，一旦出了问题就把责任都推给别人。满世界发健康餐和健身的照片，极度渴望别人的关注和夸赞，这样做，都是一些外因所驱使的，而真正能使人的行为具有持续性的恰恰是内在动力，即内驱力。

不能接受反对意见，认为哪怕有一句批评的话就可以抵消所有的表扬，使自己陷入被批评的痛苦里，认为被批评则意味着被否定，自己的存在是没有价值的，进而导致特别爱与人辩论，而且一定要赢。

愤世嫉俗，自艾自怜，认为自己不被理解，更加固执地沉迷在自己的世界中。独居时更易触发这种情况。因此，对有这种情绪的人来说，平时要适当进行高质量的社交活动。合理的社交需要被满足时，有益于身心健康；但要避免过多的低质量和无效社交活动，防止损耗精力。

以上这些情况可能单独或同时出现在一个人身上，意识到这些情况并做出改变，会让健康减脂之路更加顺畅。

理性期待

重新确定自己对“胖瘦”的认知，有些女生体重正常，只不过不是明星或时尚界崇尚的那种骨感瘦，在这种情况下，不要定义自己“胖”，因为你认为自己胖时，就已经完成了对自己的评判，只会降低自尊感、导致焦虑，没有任何益处。

健身的目标也不仅仅是降低体重，如果你的私人教练以降低你的体重为最大的目标，总告诉你怎么瘦得快时，那么你可以换掉他了。而且每个人的基因、骨骼比例和排列都不同，理性期待中的改变不应该是变成别人的样子，而是变成更好的自己。

道理都懂得，但年轻的时候其实很难想得通，总会羡慕那些众星捧月似的明星或受欢迎的同学。

举个不恰当的例子，电影《指环王》中的霍比特人无论怎么减脂也不可能有精灵王子高高瘦瘦的身材。

还有一次，我在狗公园看见几只边境牧羊犬在相互追逐，旁边还有一只小比熊犬跟在它们后面玩儿。突发奇想，小比熊犬无论怎么训练也不可能成为身材修长、腿又长又细的边境牧羊犬，它们的骨骼、体形完全不一样，但它仍然可以成为更健康、更可爱的小比熊犬。比熊犬本就不应该和边境牧羊犬比运动项目和腿长。

虽然所举的例子有些夸张，但道理是一样的。对于成为“维密天使”的幻想，让多少女孩为了瘦而拼命节食，其实，大可不必如此。

时尚不过是一阵风，为了顺应时代的改变，曾经力推纤细、高瘦模特来展示服装导致女孩们盲目追求以瘦为美的各种商业服装品牌，如今却让体重超重的模特展示服装，其目的是展示自身品牌的包容性和多样性。至于是不是真的具有包容性和多样性，没有人会在意。但有一点是明确的，这些品牌所做出的改变可以为它们带来更多收益。

所以，不要把对自己的评价和时尚风潮捆绑在一起，唯一笃定的信念应该是尊重身体的运行规律。

当你有不合理的期待时，例如，幻想自己减脂后变成“万人迷”的场景、想象减脂后像“维密天使”一样等，这种“打了鸡血”似的幻想会让人处于兴奋状态。接下来的几天也会特别有活力，节食都不觉得饿或仅靠精神力量就能支撑下去，锻炼时还特别有精力、不会觉得累，睡眠时间也会变少。

当“充满活力”一段时间后，发现自己的身材、体形并没太多变化，自己并没变成“维密天使”，生活也没有因此变得更美好（如追求者变多、有更好的工作机会等），就会陷入挫败、焦虑之中，不知道自己这么努力的意义是什么，接下来的几天就会变得懒散无力，然后进入抑郁低潮期。对减脂的期待越不理性，挫败感越强烈，抑郁的程度就越深。

只有理性期待，制定合理的目标，理性地执行计划，才不会在“打了鸡血”似的幻想中和无助感之间反复。

量力而为，不钻牛角尖

与令人热血沸腾的减脂口号不同，走过各种弯路后，发现怀着“差不多就行”的心态反而让我走得更稳和更远。这里说的“差不多就行”不是消极的，而是用稳定、积极的心态去面对。开始减脂时过于激动，往往会三天打鱼两天晒网，或者心态失衡，以致采取极端方法。

减脂者常见的一个特点是精神过度紧张，自己给自己的压力过大。我见过有些人只是爱好健身而非职业运动员，不是为了比赛，只是因为日常中仅仅一次健身未完成目标而难受得嚎啕大哭，或者只是因为一顿饭没有达到“完美标准”而深深自责。哎，他们的神经得紧绷到何种程度啊，弦绷得越紧就越容易断，保持弹性、适时放松才是一直坚持下去的方法，所以，我说“差不多就行”。

我发现当我特别重视运动、每次都要求自己保持最好状态时，热身时反而会觉得很疲惫。抱着随意的态度、热身时不对自己有过高的要求，只是和着音乐活动起来，反而更容易进入状态。

吃饭也一样，我们不是机器人，每餐都要求完美营养配比根本不现实，更合理的做法是大体上保持健康，给自己小范围的灵活调整空间，不要控制和强迫自己，这样更有利于长期保持健康。过度的控制欲、强迫症都是诱发饮食失调的因素。

要理解和接受有些事的发生就是自然而然的，并不需要费尽精力去探寻原因，想吃花生酱就吃，不要一边想“明明吃饱了，为什么还想吃花生酱”，一边忍不住偷吃，从而造成精神内耗。

类似的情况还有，想吃东西的时候纳闷为什么自己老想吃东西，不想吃东西的时候又担心自己为什么不想吃东西了，唯独当行为符合心中的完美准则时才安心，你说，这能不累吗?

其实，很多减脂者都经历过这种情况，其不是要知道为什么想吃某种食物，而是处于“未知的恐惧”中，无法理解自己的行为，需要找出一个合理的解释，心里才踏实。让你惶恐的不是食物或能量本身，而是对自己行为失控又找不到失控理由。

其实，人脑对发生在自己身上的任何事、任何行为都需要合理的解释，一旦找不到合理的解释，就会陷入恐慌。只要有任意一个理由，甚至这个理由可能都不合理，大脑就能平静地接受自己的这个行为或不好的后果。

这就是人类与其他生物的不同之处，无法心安理得地接受原始本能，也无法接受正常的生老病死，一定要在脑海中“编织”出理由才安心，否则就无法接受。

吃东西也要量力而为，千万不要因为追求健康饮食而令自己生活在真空里，这不敢吃、那也不敢吃，每天吃饭都小心翼翼、如履薄冰。正确的做法是在遵守基本原则的前提下，灵活一些。

另外，要学会接受常识，正常人的状态就是时好时坏的，就像月有阴晴圆缺，海水有潮涨潮落，四季有轮回，黑夜白昼有交替。人的激素分泌也有节律，一天中不同时间段（特定时间会饿、会累）、一个月不同的日子里（女性经期就是典型的例子）、一生中不同的生命阶段（不同年龄阶段身体的变化）都有所不同。

接受进步的同时也接纳失败、退步和走弯路。在状态不好的时候，不要批评自己，对自己温柔一些，不要拿自虐当自律，以后的日子还长着呢。

如果还做不到大体吃得健康、每天睡够 7 ~ 9 小时、保持规律运动的习惯、心态平和，那就没必要再琢磨各种减脂餐，包括各种时下流行的饮食法。

换言之，当你寄希望于某种单一食材、饮食法就能带来身材改变时，先检查一下是否做到了以上 4 个方面，尤其是前 3 个方面都可以通过记录来量化，很容易观察。

如果能把基础打好，再深入就会变得容易，否则，想深入只能是“天方夜谭”，因为还不具备理解、消化这些饮食法的能力，也做不到辩证地取其所长为己所用。最可能的后果就是时不时需要重返原地（因为受伤），屡次返工，减脂效果并不好。

由于篇幅有限，不可能面面俱到，本章仅仅简单剖析了生活中的几个细节，目的是给大家提供一个思路，请结合自身实际情况具体分析。